湛庐CHEERS

与最聪明的人共同进化

HERE COMES EVERYBODY

给忙碌者的病毒科学

王立铭 著

Everything You Should Know About Viruses

浙江教育出版社 · 杭州

病毒，一个隐秘世界里的传奇

公元 2020 年有一个不怎么美妙的开头。一场突如其来的流行病，让很多人熟悉了“新冠肺炎”“核酸检测”等不少拗口的生物学名词，小心翼翼地戴起了口罩，也让我们回忆起了 17 年前 SARS（严重急性呼吸综合征）流行的那个平静而肃杀的春天。很多人可能是平生第一次意识到，整个人类的前途和命运可能维系于一种危险的平衡甚至侥幸之上，在我们习以为常的静好岁月之外，还有一个人类至今尚未完全理解的庞大世界。

没错，那就是病毒世界。

病毒是一种我们知之甚少的奇特生物

病毒这种生命形态，颠覆了人类从其他地球生命现象中总结出的众多规律：其他所有地球生物都需要持续呼吸、耗能以及与环境互动，而病毒在宿主细胞之外可以保持完全的静默；其他所有地球生物都用 DNA 记录着自身的遗传信息，只有病毒存在例外；其他所有地球生物都需要给自己搭建一个能够“遮风挡雨”、自给自足的基本结构——至少也得是一个完整的细胞，而只有病毒可以大肆入侵，占领“别人”的住所。在地球生物圈的所有已知角落，在人体表面和内部，我们都能找到病毒的身影。人类目前发现了 5 000 多种不同的病毒，但是人们有理由相信，这个数量只是全部病毒数量的万分之一！关于这个庞大世界的运行秘密，我们仍然只能狐疑满腹地远远眺望。

对此，病毒并不在乎。

人类文明史，也是一部人类与病毒的斗争史

人类肉眼看不见病毒，病毒却从未远离人类。整部人类文明史当中，写满了我们的祖先和隐秘的病毒世界抗争纠缠的血和泪。天花暴发加速了罗马帝国的衰亡，削弱了古老而强大的阿兹特克帝国，西班牙人得以借机确立对那片“新大陆”的霸权。甚至在古埃及法老的木乃伊上，人们也找到了天花病毒“袭击”后留下的瘢痕。1918 年，席卷全球的“西班牙大流感”感染了全世界近乎一半的人口，并杀死了 5 000 万 ~1 亿人，间接推动了第一次世

界大战的结束。之后，世界历史开启了全新的纪元。对于我们来说，2002 年开始的 SARS 疫情的集体记忆仍未消散，2013 年 H7N9 禽流感疫情的惊魂一幕仍历历在目，新型冠状病毒（SARS-COV-2）就急不可待地再度提醒人类："我们还在，我们从未走远。"

是的，在千百年的努力之后，人类建立起了无比辉煌的文明大厦。我们将探测器送出太阳系，去"问候"寂寥空旷的宇宙；我们拿起"上帝的手术刀"，精细地操纵细胞深处历经亿万年进化而来的遗传密码；比特的洪流汇聚起海量的信息，人类从未如此真切地生活在同一片屋檐下。但是病毒，这种渺若浮尘的卑微生命，却隐藏在黑暗中，一遍又一遍地提醒我们，人类的生命、文明乃至整个物种，都脆弱地暴露在它的凝视之下。

但是所幸，从古至今，每逢危急时刻，人类世界中永不缺乏挺身而出的英雄。17 世纪，英国牧师威廉·蒙佩森（William Mompesson）带领"最具英雄气概的小村庄"严密隔离，阻止了"黑死病"（鼠疫）的蔓延。18 世纪，英国医生爱德华·詹纳（Edward Jenner）顶着"骗子医生"的骂名发明牛痘疫苗，人类第一次获得了高效阻击天花病毒的能力，200 年后，我们彻底消灭了天花。19 世纪，虽身处互为敌国的两个国家，路易斯·巴斯德（Louis

Pasteur）和罗伯特·科赫（Robert Koch）却共同开启了人类认识和对抗微生物的全新时代，人类对抗传染病从此有了科学的武器。1910年，伍连德医生临危受命，以一己之力用古老的隔离手段阻止了我国东北地区鼠疫的大规模传播。在第二次世界大战的炮火中，汤飞凡医生指导研制的天花疫苗和狂犬疫苗拯救了无数人的生命。现在，面对新型冠状病毒，新的战争开始了，成千上万正直无畏的医生和科学家再次冲在了最前方。

在漫长的人类防疫史上，这些英雄是全人类幸福生活的坚实保障。他们战斗在寂静的实验室，战斗在人潮涌动的医院和诊所，战斗在疫病暴发的村庄和城市。他们帮助我们看清了这些微小生命的真实模样，发明了药物和疫苗，帮助我们切断了疫病传播的链条。他们的作战对象既包括各种各样的病毒，也包括其他同样隐秘的微生物敌手，比如细菌、真菌、支原体等。在绝大多数时刻，他们在自己的科学世界里安静地从事研究，而在疫情急如星火的关键场合，他们又成了整个人类世界目光汇聚的焦点。我们期待他们能够“脚踩五彩祥云”，用科学和医学的力量扶危救难。

我希望，这本书能够为你打开病毒世界的一扇窗，能够带给你更多面对病毒的希望和勇气。

无论是过去、现在还是未来，人类的科学探索都像一盏盏小小的灯笼，照进了暗夜沉沉的病毒世界。虽然灯光并不十分明亮，能借此看到的范围也很有限，狂风呼啸下，灯火还有可能摇摇欲坠，忽明忽暗，但在无数星星点点的微光的照耀下，我们相信，人类最终会彻底看清这个隐秘世界的模样。到那个时候，我们终将战胜这些微小而致命的敌人，或是学会与它们和睦相处，让它们为人类所用，进而建立起更温暖、更光明的人类家园。

EVERYTHING
YOU SHOULD KNOW
ABOUT VIRUSES

目 录

扫码下载湛庐阅读 App，
搜索“给忙碌者的病毒科学”，
获取本书趣味测试彩蛋！

EVERYTHI
YOU SHOU
ABOUT VI

NG
ULD KNOW
RUSES

第 1 章

画像：病毒是一类什么样的生物

提到病毒这种东西，你肯定不陌生。许多有名的人类疾病，比如慢性乙肝、艾滋病、流感、SARS 和新型冠状病毒肺炎，都是由病毒入侵人体导致的。

从 19 世纪末第一次意识到病毒的存在至今，科学家已经发现和详细记录了 5 000 多种病毒。这当然不是一个小数目（要知道，世界上全部的哺乳动物只有 5 000 多种），但是大多数人仍然认为，这个数字是被大大低估的。有人甚至估计，地球上的病毒至少有几千万种，而人类发现的只占全部病毒种类的万分之一，绝大多数病毒对于人类来说至今仍然面目模糊。这种推测并不是没有依据的，2019 年，一些科学家利用 DNA 测序的方法推测，仅在海洋中就有 20 万种病毒。

病毒是地球生物圈里特别重要的一部分，在人类文明史上也曾扮演过关键角色。和地球上所有其他的生命形态相比，它有着许多与众不同之处。正是因为这些特殊之处，人们对病毒始终困惑不解，心存敬畏。从很多方面来说，病毒世界对人类来说还是一个笼罩在重重迷雾当中的黑暗世界。

接下来我们就先来看看，病毒到底是一类什么样的生物。

病毒究竟是什么

如果只是简单地描述一下病毒的特性，只要有中学生物课的知识就够了：它们是一类结构很简单的非细胞形态的微生物，由蛋白质外壳（学名叫作衣壳）包裹着 DNA 或者 RNA 形成，有时最外面还会包裹着一层薄薄的膜（学名叫作包膜）。大部分病毒只有几十到几百纳米大，比细菌小得多，只能利用电子显微镜才能看得到。大多数病毒都无法独立生长和繁殖，需要寄生于别的生物体内。

仅这样描述的话，虽然事实很清晰，但很难让我们直观地体会到病毒这类生命真正的奇异之处。

我想，有三个名词能很好地说明病毒的奇异特性——完美寄生者、极简主义者和规则破坏者。

(1) 完美寄生者

病毒的第一个特性是，它们是一类特别“完美”的寄生者，可以把自己完全寄生在别的生命身上，也就是所谓的“宿主”身上。

“寄生虫”这个词你肯定不陌生。隐藏于人体中的寄生虫就有很多种，比如肠道里的蛔虫、钩虫，血液里的血吸虫和疟原虫，皮肤上的螨虫等。之所以被叫作寄生虫，是因为它们长期定居在另外一种生物体内或体表，在那里混食物吃、蹭地方住，不劳而获。

在长期的进化历史上，寄生虫适应了宿主提供的舒适的生活环境，自己的某些生物学功能就会逐步退化。比如寄居在人体肠道内的蛔虫，因为已经消化好的食物近在眼前，所以它的消化器官基本都退化了。人体肠道的环境固然黑暗潮湿，却没有危险的天敌，不需要时刻保持警惕以躲避危险，因此，蛔虫的感觉和运动功能也大大退化了。它的主要身体构成是生殖器官，可以使繁衍后代的能力最大化。

但是无论如何，不管是什么样的寄生虫，总还有很多事情得亲力亲为。比如蛔虫总需要从一个受精卵长大成虫，总需要张开嘴吃东西。如果不小心受伤了，修复损伤之类的工作也只有自己能做。

当然，最起码的生存和繁殖——生命的两个核心任务，也都只能由寄生虫独立完成。换句话说，寄生虫只是在一部分生物学功能上依赖于宿主，让宿主来帮忙完成。它们本身还是完整的生命。

但病毒就完全不一样了。

在进入宿主之前，病毒根本就不是严格意义上的生命。它不需要能量，也不消耗能量——不呼吸、不动，更不会繁殖后代，完全处于沉寂状态，和大自然里的一粒沙子、一颗尘土没有什么两样。也正是因为这个特点，只要条件合适，病毒就可以在大自然里稳定地存在超长时间。比如 2014 年，法国科学家就曾在西伯利亚地表之下 30 米深的永冻土中找到了 3 万年前的完整病毒，只要培养条件合适，这些病毒还能很快重新开始活动。

一旦进入宿主体内，或者更精确地说，是进入宿主细胞的内部以后，病毒就会立刻展现出全部的生命迹象。它们不需要吃东西，也不需要吸收能量，因为可以直接利用宿主细胞里唾手可得的能量；它们不需要自己繁殖后代，而会借助宿主细胞里现成的工具来帮助自己批量制造后代。

病毒的生命周期可以简化成两个黑白分明的阶段——在宿主细胞之外时和在宿主细胞之内时。在宿主细胞外时，它看起来和非生命物质没有区别，只是安静地等待寄生的机会。而一旦进入宿主细胞，病毒就可以借助宿主细胞现成的能量和工具，立刻启动繁殖后代的程序。而它产生的病毒后代，会批量离开宿主细胞，回归沉寂状态，等待下一次入侵和繁殖的机会。

这是真正意义上的“完美寄生者”，因为病毒把所有的生物学功能，包括其他生命必须靠自己完成的新陈代谢和繁殖，全部依托在了宿主身上。

（2）极简主义者

完美的寄生能力让病毒有条件发展出第二个特性，那就是极简的生活方式。

在找到宿主之前，病毒处于完全静默的状态，而维持正常生物生存的基本活动，比如呼吸、进食、新陈代谢、修复损伤，都不需要开展。一旦进入宿主细胞，病毒又可以利用宿主来帮助自己繁殖，所以它们的繁殖机能也是尽可能简化的。从逻辑上说，一个病毒只需要拥有一套帮助自己进入宿主细胞的识别系统和一套能够告诉宿主细胞如何帮助自己繁殖后代的最小化指令系统，就足够了。

仅通过这样的描述来说明可能有点抽象。接下来，我们将通过一个例子来说明一下这种简化可以达到什么程度。

就拿你很熟悉的乙肝病毒来说吧。这种病毒有着完美的球形结构，直径只有 42 纳米。而大肠杆菌有 1~2 微米长，0.25 微米宽。简单计算一下你会发现，一个小小的大肠杆菌体内足以容纳成千上万个乙肝病毒。

除体型很小以外，乙肝病毒的结构也非常简单。从外到内，乙肝病毒可以分为三层：最外面有一层包膜，中间有一层蛋白质外壳，最里面一层藏着它的遗传物质——一个环形的 DNA。而这个结构在病毒世界里已经算不上最简单的了，相当数量的病毒都没有最外层的包膜，仅仅由蛋白质外壳和遗传物质组成。

乙肝病毒的蛋白质外壳是一个规则的正二十面体，由乙肝核心蛋白（C 蛋白）堆积而成，作用是保护最里面的遗传物质。乙肝病毒的遗传物质也非常简单，由 3 000 多个 DNA 碱基组成，总长度不到人类基因组的百万分之一，不到大肠杆菌基因组的千分之一。乙肝病毒的 DNA 上只有区区 4 个基因。相比之下，大肠杆菌的基因数量超过了 4 000 个，而人类的则超过了 20 000 个。

读到这里，你可能想问，这么小的一个 DNA 分子，区区 4 个基因能干什么呢？

简单说来，它其实是一套告诉人体细胞如何帮它生产新一代乙肝病毒的“说明书”。

乙肝病毒在识别出人体肝脏细胞之后，就会脱掉外面的膜，拆解掉蛋白质的壳，把 DNA 释放进人体细胞，使其与人体细胞中的 DNA 混迹在一起。我们知道，人体细胞时时刻刻都在根据自身携带的人类基因组 DNA 的序列，生产各种人体必需的蛋白质。在病毒入侵后，这套系统会被乙肝病毒借用，根据乙肝病毒 DNA 上的 4 个基因的序列，生产出乙肝病毒专属的 4 种蛋白质，分别叫 P、C、S 和 X。

这 4 种蛋白质可是大有讲究的。

P 和 X 的作用是协助复制乙肝病毒的 DNA，C 的作用是构成乙肝病毒的蛋白质外壳。你看，乙肝病毒本来就特别简单，无非是包膜、衣壳和 DNA，现在 DNA 和衣壳都有了，装配在一起，就构成了一个个新的乙肝病毒。

如果你读得够仔细的话，可能会发现我们到现在为止还没提到乙肝病毒最外层的膜的运作机理。那最外头那层膜又是怎么回事呢？

这层膜来自宿主细胞，乙肝病毒并不需要自己制造它。从人体细胞里逃离的时候，乙肝病毒会顺便从人体细胞表面带走一层膜把自己包裹住，这个过程有点像乙肝病毒从内向外顶，在人体细胞表面顶出了一个小泡，然后“噗”地一下脱离了细胞母体。在挣脱而出的过程中，乙肝病毒的 S 蛋白就会插进这层膜里。

这时候，它们就彻底自由了，随时可以识别和入侵别的肝脏细胞，寻找下一个宿主细胞。而在寻找新宿主细胞的时候，最外层膜上的 S 蛋白将会起到重要的识别作用。

你看，乙肝病毒的寄生能力和极简的生活方式其实是相辅相成的。

因为能够完美寄生，所以乙肝病毒可以放弃绝大多数的累赘，只用区区几种蛋白质外加一段 DNA 构造自身。而这种极致的简化，又让它们在进入人体细胞之后，复制自身、繁衍后代变得特别容易，因为无非就是再生产一些蛋白质、再复制一些 DNA，就可以拼装出新病毒了。

在寄生和极简之间，病毒实现了完美的闭环。

（3）规则破坏者

病毒这类生物的第三个特性，是它们能够发展出和所有其他地球生命都截然不同的许多特性，所以我们称它为规则破坏者。

和建立在严密的理论体系上的物理学不一样，地球生物本来就是五花八门的，我们很难在生物学中找到所谓的“底层逻辑”。生物学家常说“Never say never and never say forever”（绝不说绝不，也绝不说永远）。这句话当然有点儿开玩笑的成分，但是也代表了生物学家中普遍存在的一种敬畏（和无奈）心理——不管我们总结出什么样的规律，都会出现例外。

我们常说，植物靠光合作用就能产生能量，而动物必须得自己找吃的。但是自然界里确实也有以动物为食的植物，比如捕蝇草；也有一些海洋动物能够把海藻里的叶绿体吸收到体内，这样只要晒晒太阳就能活得不错。每个生物学家都能给你找出一大堆这样的反常例子。

但是无论如何，总还是有一些比较基本的规则，是几乎所有地球生命都遵循的。

当然，病毒除外。

在生存方面，所有地球生命都需要持续不断地从环境中吸收能量，然后利用这些能量维持生存、繁殖后代。从根源上说，这是因为著名的热力学第二定律的约束。该定律的主要内容是，一个孤立系统的混乱程度，也就是所谓的熵，只会持续增大。而生命体作为一个拥有精良秩序的存在，只有依靠持续不断的能量输入，才能在混乱无序的大自然里构造出秩序，稳定存在一段时间。等生物死亡、新陈代谢自然终止后，生命所拥有的秩序就会快速崩塌。在宏观上，这就表现为细胞的崩解、肉身的腐烂以及生命物质的快速消亡。

而病毒生命完全破坏了这条法则。

在宿主细胞之外，病毒根本就不需要也没有能力表现出任何生命特征，它本质上和环境中的沙子、石头没有什么区别，也就不需要能量输入来维持所谓的生存。

在繁殖方面，除了病毒，所有的地球生物都在用双链 DNA，也就是你熟悉的 DNA 双螺旋，储存自己的遗传信息。生物繁殖的时候，会复制一份 DNA 传递给后代。双链 DNA 的特性使得遗传信息的复制非常容易实现。DNA 双螺旋由两条化学性质上互补、信息属性上完全等价的 DNA 链首尾相对，缠绕形成。在需要复制的时候，只需要打开 DNA 双链——两条 DNA 链上记录的信息是完全等价的，两条单链再根据化学互补的原则分别给自己装配一条新链，就可以完成 DNA 从一到二的复制过程。这种半新半旧的 DNA 复制过程，被形象地称为“半保留复制”。

与此同时，每一代生物都会利用体内的 DNA 作为模板，生产相对应的 RNA（这个步骤的学名叫作转录），然后制造自己需要的蛋白质（这个步骤的学名叫作翻译）。在这两个步骤当中，遗传信息被忠实地从 DNA 转移到 RNA，又转移到了蛋白质。显然，DNA 是生命遗传秘密的核心所在。DNA 对遗传信息的传递过程，就是所谓的生物学“中心法则”（图 1-1）。

病毒世界的“去中心法则”

病毒会使用各种各样的方式记录和使用遗传信息，几乎只要是逻辑上能成立的方式，就会有某些病毒在使用。

就天花病毒而言，它仍然在使用 DNA 作为遗传物质，复制方式也和其他地球生命差不多。但也有很多病毒连 DNA 都不用，直接使用 RNA 作为遗传物质，比如大家熟知的流感病毒、艾滋病病毒和 2019 年第一次出现在人类视野的新型冠状病毒。

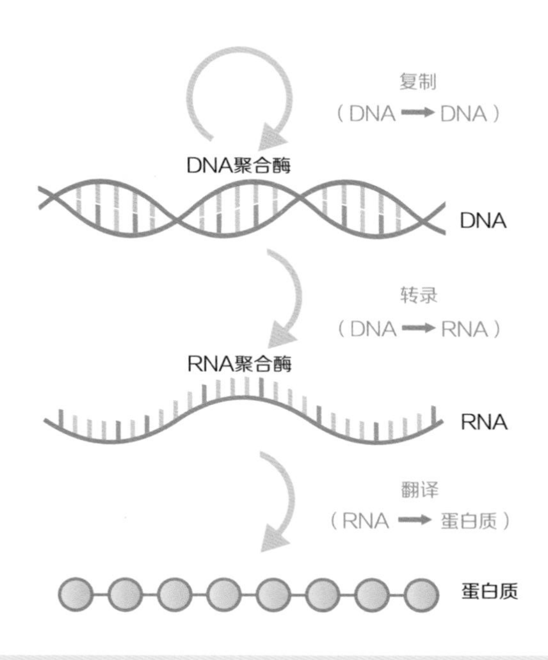

图 1-1　中心法则

图片延伸

在总体上缺乏普遍性规律的生命科学领域，中心法则是极少数能够被冠以“法则”之名的规律。从逻辑上说，中心法则总结了生物体当中的遗传信息流动的方向。

第一个流动方向，是 DNA 自身的复制和传播。在一枚受精卵持续分裂形成生物个体的过程中，DNA 通过半保留复制的过程，不断地一分为二，从而保证了每一个后代细胞都携带着一份几乎完全相同的遗传物质。而在生命繁衍的过程中，DNA 也通过类似的自我复制途径进入了后代体内。

第二个流动方向，是 DNA 对生命活动的直接指导。在每一个活细胞内部，DNA 通过持续的转录和翻译过程，直接指导着蛋白质的生产。而大量形态和功能各异的蛋白质共同工作，帮助细胞实现了独特而活跃的功能。

可以想见，遗传信息的第一个流动方向保证了后代细胞和后代生物个体能够继承祖先留下的遗传信息，实现生命活动在代与代之间的稳定传承。而第二个流动方向则保证了后代细胞和后代生物个体能够利用这些遗传信息，实现和祖先相似的生物学功能。

中心法则在几乎所有地球生物体内都是成立的，除了病毒。

但即便都用 RNA 作为遗传物质，不同病毒的使用方式也存在千差万别（图 1-2）。

流感病毒的 RNA 无法直接生产蛋白质，必须先生产一条与之互补的 RNA 链，才能再去指导蛋白质生产。而新型冠状病毒就没有这个麻烦，它们的 RNA 可以直接指导蛋白质生产。艾滋病病毒就更加独特一些，它在进入宿主细胞之后，会先根据自己携带的 RNA 合成一条 DNA 链，将 DNA 链插入宿主细胞的基因组内部，然后再生产蛋白质。

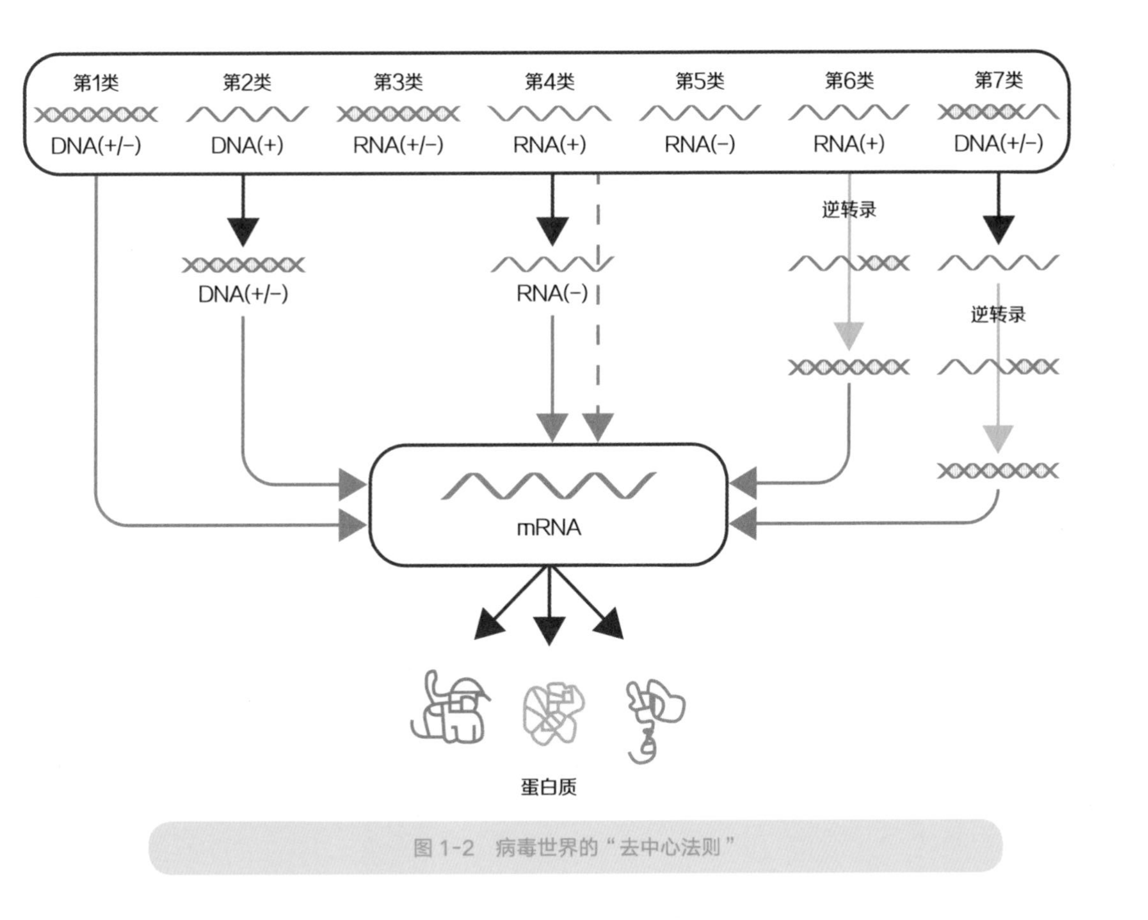

图 1-2　病毒世界的“去中心法则”

图片延伸

在中心法则失效的病毒世界，不同种类的病毒会使用不同类型的化学物质记录遗传信息，而它们对遗传物质的利用方式也千差万别。根据美国病毒学家、诺贝尔奖得主戴维·巴尔的摩（David Baltimore）的建议，人们经常根据遗传信息的流动方式来为病毒生命分类。

从图 1-2 中我们可以看到，7 类不同的病毒，分别使用了 7 类不同的化学物质记录遗传信息（双链 DNA、单链正链 DNA、双链 RNA、单链正链 RNA、单链负链 RNA、需要逆转录过程的单链正链 RNA 以及存在缺口的双链 DNA）。其中只有第 1 类的遗传物质和其他种类的地球生命相同，其他 6 类对遗传物质的利用方式在其他地球生命身上完全不存在。

与此同时，虽然 7 类病毒都需要生产某些蛋白质供自身生命活动所需，但它们利用遗传物质生产蛋白质的方式也存在巨大差别。第 1 类病毒（包括天花病毒）的方式与其他地球生命类似，也就是我们刚刚解释过的中心法则。而其他 6 类则充满了生物学意义上的想象力。

比如，第 4 类病毒（例如 SARS 冠状病毒和新型冠状病毒）的遗传物质——正链 RNA，可以直接用来指导蛋白质生产，也可以经过正链 RNA →负链 RNA →正链 RNA 这两步自我复制过程，生产出更多正链 RNA 拷贝，继而高效率地指导蛋白质生产。第 5 类病毒（例如流感病毒）使用的遗传物质是负链 RNA，它不能直接指导蛋白质生产，需要先通过负链 RNA →正链 RNA 这个自我复制过程，生产出能够指导蛋白质生产的正链 RNA。第 6 类病毒（例如艾滋病病毒）的遗传物质也是正链 RNA，但是它们发明了一套将

RNA 变成 DNA 的所谓逆转录过程，然后将携带自身遗传信息的 DNA 直接插入宿主细胞的基因组，实现对宿主细胞的永久性占领。

而乙肝病毒更奇怪，它虽然使用DNA 作为遗传物质，但是在繁殖后代的时候却不是直接从 DNA 复制 DNA，而是先制造 RNA，再根据 RNA 制造 DNA。其他各种各样奇怪的例子还有很多，这里就不多说了。

在生存和繁衍这两个生命现象的核心要素上，病毒成了不折不扣的规则破坏者，给生物学家添了无数的麻烦，也给我们普通人理解病毒增加了不少认知障碍。

可这还没完，病毒身上的例外还多得是。

就生命体的大小、基因组的长度和基因的数量而言，病毒非常简单，甚至要比其他简单的生命，比如细菌，还要再简单几个数量级。这本身其实也是在破坏规则，至少大大突破了我们研究大量地球生命后总结出来的规则。

甚至连病毒的形状，都比较“不按常理出牌”。绝大多数地球生命都没有特别规则的外形，很多病毒却具有数学上很完美的几何形状。

乙肝病毒的外层包膜就是一个完美的球形，而中间的蛋白质外壳则是完美的正二十面体，由 20 个完全相同的三角形组成。还有一些病毒则长得像人类设计的机器人。比如著名的 T4 噬菌体，就由一个正二十面体的“头”和几根呈中心对称的“尾巴”构成。2019 年开始广泛传播的新型冠状病毒，外形是一个直径约为 120 纳米的圆球，表面长满了长长的尖刺，像一个海胆或者王冠上的装饰物，所以才得了“冠状病毒”这么一个名字。至于这些尖刺到底有什么用，请允许我暂时卖个关子，在接下来的章节里为你揭晓。

章后小结

- 病毒能够完美地寄生在宿主细胞内，借助宿主细胞完成所有的生命活动，因此它能够甩掉包袱，用最简单的元件构造生命。
- 在能量利用层面，在遗传物质层面，甚至在尺寸和形状层面，病毒突破了其他所有地球生命共同遵循的法则。
- 病毒的特性可以用三个名词概括，分别是完美寄生者、极简主义者和规则破坏者。正是这些特点使得病毒鹤立鸡群，呈现出和我们所熟悉的地球生物之间的巨大差别。

EVERYTHI
YOU SHOU
ABOUT VI

NG
LD KNOW
RUSES

第 2 章

入侵：

病毒如何识别并进入宿主细胞

我们说了，病毒是一类完美的寄生者，把几乎所有的生命活动都“转交”给了宿主细胞来完成，自己身体里只携带着无可精简的、最少量的遗传物质。与此同时，它们还发明了各种各样的方法，用于绕过其他地球生命都遵循的各种规则。

也恰恰因为这些特性，病毒成了地球生命面对的危险入侵者之一。

这里面的道理不难理解。想象一下，病毒把它生存和繁衍的全部希望都寄托在了宿主身上，而且它还可以肆无忌惮地打破各种规则。这样的敌人，让自己时时刻刻命悬一线，需要背水一战，又不按常理出牌，肯定是最难对付的。

成功入侵宿主，对病毒而言意味着巨大的胜利，但对宿主而言，则意味着患病。从普通感冒、流感，到乙肝、艾滋病以及新型冠状病毒肺炎，人类世界里有大量的疾病和病毒直接相关。

病毒究竟是如何让我们生病的呢？

病毒如何入侵我们的身体

说起由病毒导致的疾病，很多人都会下意识地认为，这无非是因为病毒这种东西不好，只要病毒进入人体，不管是被吃进去、吸进去，还是接触到皮肤破溃处，都会导致疾病。

这种想法大概和“病毒”这个名称有关，又“病”又“毒”，这样的东西进入人体肯定不好啊，不就等于“服毒”吗？

但这种对病毒的理解其实是错得离谱的。

我们说过，在进入宿主细胞之前，病毒本质上是一种毫无生命迹象的东西，和一粒沙子没多大区别。病毒本身的构造主要包括蛋白质外壳和 DNA、RNA 这些遗传物质，有时外层还会包裹一层薄膜。这些东西本身是不会导致疾病的。我们每天吃的肉、菜、蛋、奶里面就包括蛋白质、DNA、RNA 和细胞膜，我们吃了之后一点事儿都没有。

在绝大多数时候，如果病毒无法进入人体细胞，那么就算被我们碰到了或者吃进肚子，也不会引发任何问题。

最近两年，非洲猪瘟在国内传播，还影响了猪的养殖和猪肉价格。这种疾病是由非洲猪瘟病毒引起的，对猪的杀伤力极大，死亡率几乎达到了 100%。但是请注意，感染了非洲猪瘟病毒的猪的肉，人吃了一点儿关系都没有。这是因为非洲猪瘟病毒只认猪作为它们的宿主，不会识别及进入人体细胞。

这样一来，对人类而言，食用带有非洲猪瘟病毒的猪肉就跟吃一般猪肉没什么太大区别，既不会生病，也不会中毒。

说到这里，我们就能提出病毒引发疾病的第一个要素了——它得能够进入宿主细胞。那病毒到底是怎么进入宿主细胞的？

几乎所有地球生命都能被一种或者多种病毒入侵，从细菌到真菌，从植物到动物，无一例外。但是对于绝大多数病毒来说，它们只会入侵特定物种的特定细胞——这就是所谓的“宿主选择性”。

乙肝病毒只会识别和入侵人体的肝脏细胞，艾滋病病毒只会识别人体的某种特殊的免疫细胞，狂犬病病毒只会识别某些哺乳动物的神经细胞，等等。

新的问题来了。

病毒在进入宿主细胞之前毫无生命迹象，处于一种绝对的静默状态，那它们又是怎么识别和入侵宿主细胞的呢？

这也是病毒非常神奇的地方。

病毒都会有一个蛋白质外壳，有时候外面还会有一层薄薄的膜。而在蛋白质外壳或外层的薄膜上面，病毒总会安排一个或者几个特殊的蛋白质，明显地突出在病毒的最外侧。这些蛋白质的作用，是帮助处在完全静默状态的病毒寻找合适的宿主细胞。前文提到的乙肝病毒外层的 S 蛋白，做的就是这件事。

具体怎么做呢？

我们拿被研究得比较透彻的艾滋病病毒来说明（图2-1）。

艾滋病病毒是由外层的薄膜、中间的蛋白质外壳和内部的遗传物质组成的。其外层的薄膜上很规则地插着一些长得像图钉一样的蛋白质，大头朝外，尖头朝内。“图钉”的大头被称为 gp120，尖头被称为 gp41。

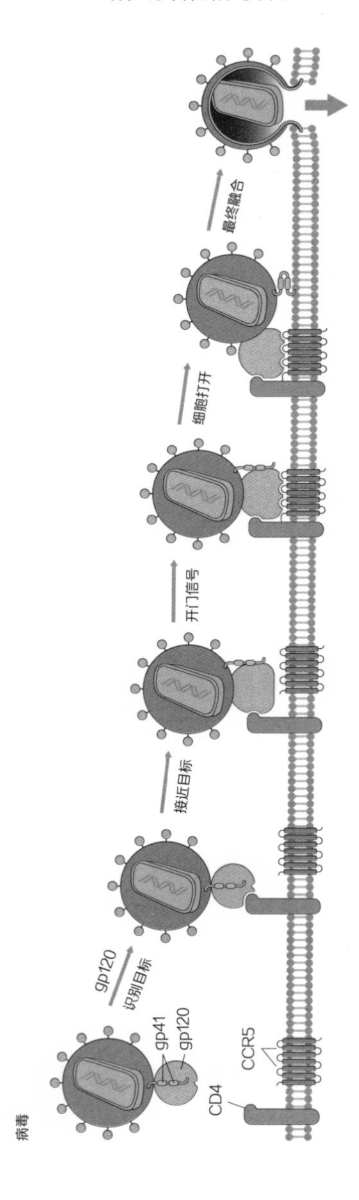

图 2-1　艾滋病毒入侵宿主细胞的过程示意图

图片延伸

图 2-1 演示了艾滋病病毒入侵宿主细胞的完整过程。在空间距离足够接近时，艾滋病病毒表面的“图钉”（由 gp120 和 gp41 组成）能够识别和结合人体免疫细胞表面的两种特殊的蛋白质——CD4 和 CCR5。“图钉”和 CD4 以及 CCR5 的结合，提供了足够的化学吸引力，使得艾滋病病毒和免疫细胞持续彼此靠近，密切接触。在此之后，在“图钉”的帮助下，病毒的外部薄膜和免疫细胞的细胞膜彼此融合，病毒内部的遗传物质得以进入宿主细胞内。

病毒对宿主细胞的识别和入侵，或多或少都遵循着与此相似的过程。这个过程也解释了病毒强烈的宿主选择性从何而来。很简单，病毒表面负责识别目标的蛋白质，会专门结合哪种生物的哪类细胞表面的什么蛋白质，决定了这种病毒到底会入侵什么样的宿主。

即使病毒处在静默状态下，这颗“图钉”也能够和人体免疫细胞上一种叫 CD4 的蛋白质紧紧结合在一起。它们会像磁铁的南北极一样，天然吸引彼此。这个被动完成的结合过程，可以让艾滋病病毒靠近自己的天然宿主，也就是人体的免疫细胞。

靠近宿主细胞之后，接下来就是进入宿主细胞了。有意思的是，这个过程同样是被动完成的，不需要艾滋病病毒自己做任何事情。

简单说来，借助人体免疫细胞表面的另一种蛋白质

CCR5，艾滋病病毒和免疫细胞会被拉得很近，直到彼此接触。这个时候，“图钉”的尖头 gp41 就会刺破免疫细胞的细胞膜，让艾滋病病毒的膜和免疫细胞的膜融合在一起，这个过程就像两个黏在一起的肥皂泡变成了一个更大的肥皂泡。这样一来，病毒里的蛋白质和遗传物质就被直接放进了细胞内部，可以开始它们的活动了。

我之所以详细地描述这个过程，是希望你能从中看到病毒识别和入侵宿主细胞时的两个特点。

第一，在整个识别和入侵的过程里，病毒自己不需要做任何事情，不需要消耗任何能量，完全是被动的。当然，存在于细胞之外、处在静默状态的病毒，实际上也没有能力做任何主动的动作。但只需要借助蛋白质之间的吸引、结合和细胞膜的融合等纯粹的物理过程，病毒就能够找到宿主细胞并成功入侵。

第二，病毒的宿主选择性本质上是指，它们到底依靠自己表面的什么蛋白质，结合宿主细胞表面的什么蛋白质，才得以进入细胞的。比如，艾滋病病毒能够结合 CD4 这种蛋白质，而这种蛋白质只在人体的某些免疫细胞表面才有，那么艾滋病病毒自然也就只能识别和入侵这些细胞。

对于一种病毒来说，它到底能入侵多少种细胞，主要取决于它所利用的宿主细胞蛋白质的分布有多广泛；它到底能感染多少不同的物种，主要取决于它所利用的宿主细胞蛋白质在不同物种之间有多相似。

请注意，宿主细胞表面的这些蛋白质并不是由病毒发明创造的，它们本身就是宿主细胞的重要功能元件。比如人体免疫细胞表面的 CD4 蛋白，对于免疫细胞自身的功能本就是至关重要的。艾滋病病毒恰恰就是借用了宿主细胞天然拥有的这些重要蛋白质，并将其用作识别和入侵宿主的工具。由于宿主细胞没有办法轻易放弃或者改变这些原本就有重要功能的蛋白质，所以也就没有办法阻止病毒的识别和入侵。

我们可以说，这是一个非常聪明的生存策略，在后面讨论病毒起源的时候，我们还能看到它的重要价值。

2002 年开始广泛传播的 SARS 冠状病毒和 2019 年开始广泛传播的新型冠状病毒，都是靠病毒表面的一根根尖刺，结合一种叫作 ACE2 的蛋白质，从而进入宿主细胞的。ACE2 蛋白的全称是“血管紧张素转换酶 2”，其功能是维持心血管系统的正常运作，两种冠状病毒就是要和它结合，进入人体细胞。

显而易见，人体哪里的细胞带有这个 ACE2 蛋白，这两种冠状病毒就会识别和入侵哪里，包括人体肺部、肾脏，以及男性睾丸等。你可能已经从新闻上看到了，感染新型冠状病毒后，人体可能会出现多个器官的严重病变，就是因为这些地方的细胞都带有这种 ACE2 蛋白。

而非洲猪瘟病毒识别和结合的蛋白质在人体内根本没有，所以人不会感染非洲猪瘟病毒，也就不会生病。

说到这里，我们就了解了病毒识别和入侵宿主细胞的全部过程。理解这个过程如何发生，不仅能告诉我们病毒如何导致疾病，实际上还提示了一种阻断病毒入侵、治疗疾病的思路。我这里先卖个关子，咱们后面再接着谈。

病毒进入宿主细胞就会导致疾病吗

读到这里，你可能会问，是不是病毒进入了宿主细胞，就一定会导致疾病呢？

不是的。

病毒最重要的使命是利用宿主细胞的能量和资源自我复制、繁衍后代，宿主细胞本身的状态如何，它们根本不关心。所以除非对自身的生存有利，病毒并没有动机一定要让宿主生病，更别说导致宿主死亡了。

每个健康人的身体里都潜伏着多种病毒。比如，90%的人体内都至少存在一种疱疹病毒，大部分人体内也都隐藏着能够引发普通感冒的病毒，甚至我们肠道中的细菌体内也隐藏着专门入侵细菌的病毒——我们叫它噬菌体。

在大多数时候，这些病毒都能够与人体细胞和平相处，人体免疫系统也能够把它们的数量和活动水平控制在一个较低的程度，不会对人造成明显的伤害。甚至还有不少科学家认为，病毒可控、温和的入侵，可能会给人体带来好处——它能够刺激人体的免疫系统，增强我们的免疫机能。

但如果某些特殊的病毒在人体细胞内过分活跃，或者人体的免疫系统比较弱，无法压制那些原本无害的病毒，人就可能会生病。

生病的具体原因并不能一概而论，简单说来，大致可以分成以下三大类。

第一类，也是比较符合我们惯常的直觉的一类原因，是病毒的活动直接对宿主细胞造成了破坏，从而导致宿主生病。

比如，会引发病毒性肺炎的腺病毒、会引发脊髓灰质炎的脊髓灰质炎病毒，在人体细胞内完成自我复制后，新的病毒就需要离开这个细胞，寻找下一个宿主细胞。在离开的时候，这些病毒选择了最简单粗暴的办法。它们会主动命令宿主细胞启动自杀程序，使细胞破碎分解，这样病毒就可以被直接释放出去。

可以想见，如果病毒在短时间内入侵和分解了大批量的人体细胞，人就会生病。对于大部分没有外层膜的病毒来说，它们没有能力“顶”破细胞膜逃离宿主，因此简单粗暴地裂解宿主细胞是最常用的逃离手段。

第二类，也是比较“烧脑”的一类原因，是很多时候病毒本身并不会杀伤宿主细胞，反而是宿主细胞自身的防御措施导致了细胞的死亡，从而导致疾病。

就拿艾滋病病毒来说，它的入侵本身并不会杀伤免疫细胞，它们逃离宿主细胞的方法也比较温柔，不需要裂解宿主细胞。而且从艾滋病病毒的立场出发，它们已经把自己的遗传物质永久性地插入了宿主细胞的基因组DNA上，大概最希望免疫细胞好好活着，一直替自己繁殖新的后代才好。

但是人体细胞有一套内部监控系统，能够实时监控自己是不是被外来的不明微生物入侵了，如果是，这些细胞就会启动自杀程序。

这个操作本身是人体防御病毒的一项措施，毕竟，要是宿主细胞主动死亡，那么它体内那些正在繁殖和装配的病毒，就没有机会完成这些活动以图继续入侵别的细胞了。

但是在艾滋病患者体内，这些宿主细胞的防御措施做得太好了，不仅杀死了已经被病毒感染的免疫细胞，就连没有被病毒感染的免疫细胞也顺便清除了。这样一来，人体的免疫系统就会彻底瘫痪，使人体暴露在形形色色的危险病原体和人体自身癌变的细胞的威胁之下。所以，艾滋病患者如果得不到有效的治疗，往往会死于各种病原体感染或肿瘤。

第三类，主要与人体免疫系统的攻击机制有关，人体免疫系统会攻击人体自身感染病毒的细胞，导致生病甚至死亡。

我们知道，人体免疫系统的核心任务之一，就是识别和清除我们体内的病毒。所以在人体细胞被病毒入侵的时候，免疫系统就会被激活，专门在体内寻找病毒的踪迹并猛烈打击。如果人体有很多细胞已经被病毒感染了，那这些细胞就会成为免疫系统的攻击对象。

乙肝病毒在慢性感染人体之后，人体的大部分肝脏细胞内部，就会长期存在乙肝病毒的踪迹（图 2-2a）。这样一来，人体免疫系统就会持续和全面攻击肝脏，导致肝炎、肝硬化和肝癌的发生（图 2-2b）。

SARS 冠状病毒和新型冠状病毒感染也可能引发同样的反应——人体免疫系统猛烈地攻击那些携带病毒的人体细胞，比如肺部细胞，就会在短时间内破坏肺和其他人体器官的正常功能，导致人发病甚至死亡。

和很多人的想象不同，在乙肝病毒入侵人体之后，真正导致慢性肝炎、肝硬化和肝癌发作的“罪魁祸首”，不是乙肝病毒本身，而是人体内部积极开展防御工作，试图消除乙肝病毒痕迹的免疫系统。

理解病毒导致疾病的各种可能的方式，可以帮助我们研发出治疗病毒感染的各种有针对性的方法，这个话题我们将在下一章仔细讨论。

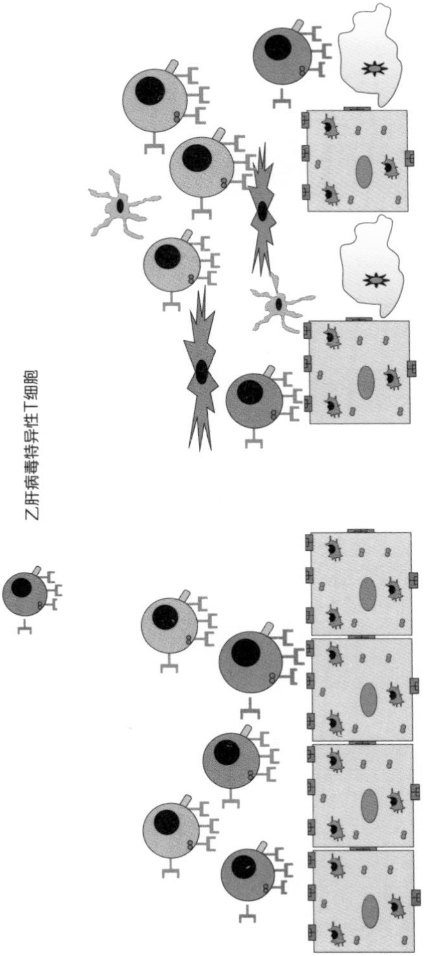

乙肝病毒特异性T细胞

a

b

图 2-2　慢性乙肝的发病机理

图片延伸

简单说来，在乙肝病毒的慢性感染发生之后，人体的大部分肝脏细胞（图中黄色的方块）都会被乙肝病毒入侵，并帮助乙肝病毒实现自我复制和繁殖（红黑色颗粒），因此这些细胞会或多或少带有乙肝病毒的一些特征，比如细胞膜的表面可能会存在一些乙肝病毒特有的蛋白质（深绿色小方块），等等。

这些特征会吸引人体免疫系统，特别是一类专门识别乙肝病毒的免疫细胞（乙肝病毒特异性 T 细胞）的注意。免疫细胞会对这些被“污染”的肝脏细胞展开攻击，干扰其正常活动，甚至将其彻底杀死。这种攻击本身当然是为了消灭病毒、保卫人体，但是此时此刻大量的肝脏细胞已经被感染，因此这种持续而全面的攻击也会同时影响人体肝脏的正常功能，导致慢性肝炎的发生。

章后小结

- 病毒本身不会直接导致疾病。病毒只有在识别并入侵了宿主细胞后，才会导致各种各样的疾病。
- 病毒主要依靠自身表面的蛋白质与宿主细胞表面的特定蛋白质结合，来完成识别并入侵宿主细胞的过程。这个过程完全是被动进行的，不需要病毒做任何事情。
- 病毒入侵宿主细胞之后，可能会通过直接杀死宿主细胞导致疾病，也可能会通过诱发宿主免疫系统的过度防御反应而引发疾病。

EVERYTHI
YOU SHOU
ABOUT VI

NG
LD KNOW
RUSES

第 3 章

流行：病毒高效传播的三个层次

作为一种完美寄生者，病毒的生命紧紧维系于其快速入侵→复制→扩散的循环：从一个细胞走向更多的细胞，从一个生物走向一群生物，甚至从一个物种走向多个物种，最终成为地球生物圈里无处不在的角色。

而这一切是如何发生的呢？要回答这个问题，我们需要从头说起。

假设我们眼前有一个刚刚入侵宿主细胞的病毒，我们来看看它是如何完成自我复制和传播的过程的。

病毒传播层次一：细胞之间的传播

病毒的第一层传播能力，是从一个细胞走向更多的细胞。换句话说，也就是在同一个宿主内部的细胞和细胞之间传播。

相比较而言，这是实现起来最容易的一种传播。毕竟同一个宿主生物体的内部，可能聚集着大量的同类细胞，只要有一个病毒进入并完成自我复制，就能入侵更多的细胞。

流感病毒就是这样在人体内部传播的。

和前文介绍过的几种病毒一样，流感病毒也具有很强的宿主选择性。它们依靠自身表面的两种蛋白质——血凝素蛋白（HA）和神经氨酸酶蛋白（NA）来寻找宿主细胞，也就是呼吸道表面的上皮细胞。简单来说，血凝素蛋白负责识别和入侵，而神经氨酸酶蛋白负责协助新复制出来的病毒离开宿主细胞，开启新一轮的入侵。

顺便插句话，要是经常关注各种新闻，你可能会记得流感病毒的命名很有特点。比如“H1N1 猪流感”“H7N9 禽流感”等，这里的 H 和 N 分别代表的就是血凝素蛋白和神经氨酸酶蛋白的类型，它们决定了流感病毒的不同生物学特征。

在同一个人体内，流感病毒会完成无数个入侵呼吸道细胞、自我复制并扩散的循环。

当流感病毒进入一个呼吸道上皮细胞后，它会首先利用自己携带的遗传物质，也就是一条 RNA 长链，生产更多的 RNA 拷贝和更多的蛋白质外壳。平均而言，一个呼吸道上皮细胞能够在短时间内生产出 500~1 000 个全新的流感病毒。然后，这些病毒会一起离开孕育它们的细胞，借助呼吸道里的黏液流动，扩散到更多的细胞周围，展开新一轮的入侵→复制→扩散。

每一轮新入侵的完成，都只需要短短 6 个小时。

这也就是说，在理论上，流感病毒能够以每 6 个小时增殖数百倍、每 12 个小时增殖数十万倍、每 24 个小时增殖上百亿倍的速度，在人体中疯狂传播，很快就会感染足够数量的人体细胞，从而导致疾病。我们在商业领域经常用“病毒式传播”这个词来描述某种商品信息或者某个事件信息的疯狂扩散速度。但是说到底，人类世界还没有什么传播手段能够在速度方面和病毒的传播相提并论。

除了这种常规途径之外，不同的病毒还发展出了各种不同的捷径来帮助自己传播。

很多病毒干脆省略了完成复制之后离开宿主细胞这一步，直接就能够在相邻的宿主细胞之间移动。这样，它们的生命史就从入侵→复制→扩散的循环，进一步简化成了移动→复制的循环。比如我们讲到过的艾滋病病毒，它不仅能够逃离宿主细胞，等待下一轮入侵，而且能够主动诱导自己寄生的免疫细胞彼此靠近，甚至形成细微的管道，让自己快速移动。在像人体淋巴结这样的免疫细胞密集的场所，艾滋病病毒就是靠这种途径快速传播的。

图 3-1 总结了艾滋病病毒的各种“充满想象力”的传播方式。第 2 章中我们已经介绍了艾滋病病毒的一种比较经典的入侵方式，即通过识别和结合人体免疫细胞表面的特定蛋白质，实现对宿主细胞的识别和入侵。而在人体这种真实的环境里，艾滋病病毒还发展出了许多效率更高的传播方式。

关于传播方式，一个更神奇的案例是狂犬病病毒。

这种专门入侵动物神经细胞的病毒，能够借用神经细胞之间的天然通信工具—— 一种约有 20 纳米宽，被称为突触的结构，在神经细胞之间跳跃、扩散。其结果就是，一个人如果感染了狂犬病病毒，不管伤口在哪里，病毒都可以就近感染神经细胞，然后顺着神经细胞之间的连接，一路上行感染大脑，甚至改变人们的行为。

但仅有同一宿主体内不同细胞之间的传播，还不足以让病毒生命真正繁盛。

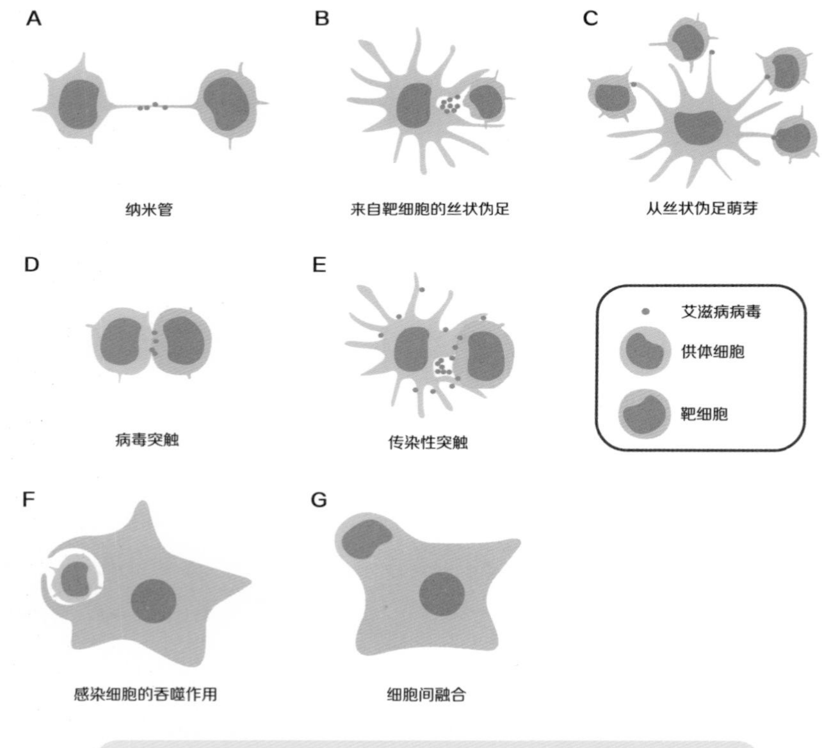

图 3-1　艾滋病病毒的不同传播方式

图片延伸

从图 3-1 中可以看到，当艾滋病病毒入侵某个人体细胞（蓝色，供体细胞）之后，可以不用离开这个细胞，直接寻找下一个宿主（红色，靶细胞）。它可以诱导供体细胞长出特殊的细胞结构，比如长长的纳米管、丝状伪足或类似神经细胞之间的突触结构，帮助病毒在附近寻找合适的靶细胞。一旦找到这样的细胞，病毒就可以通过这些特殊的细胞结构直接从一个细胞移动到下一个细胞。

更有甚者，被感染的供体细胞自身会成为人体免疫系统的攻击对象。这种攻击的本意是帮助人体清除病毒，病毒却反过来利用这种攻击实现了自我扩散。

当健康的免疫细胞发现被感染的供体细胞之后，可能会通过吞噬和融合的过程将后者消灭，但顽固的艾滋病病毒并不会被消灭，反而会借此机会扩散到新的细胞当中。

我们有理由相信，类似的扩散方式，会是很多病毒在宿主体内高效传播的通用技能。

从逻辑上说，自然界可能存在大量只会在同一个生物体的细胞间传播的病毒。但是很显然，这样的病毒大概率不会被我们发现和注意。因为尽管这个生物体内部可能复制出了无数个病毒，但是它往往很难被我们发现和研究，更何况，该生物体一旦死亡，它体内的所有病毒也就失去了生存的土壤。

病毒传播层次二：宿主个体之间的传播

在进化上更成功、能更广泛传播、更容易被我们注意到的病毒，需要第二层传播技巧，那就是能在宿主个体之间传播。

可以想见，这一层传播显然要比在细胞之间的传播困难得多。同类细胞往往会以极高的密度聚集在一起，可以自由活动的生物个体却可能相距甚远，甚至被千变万化的地球环境所阻隔。

想要实现生物个体之间的传播，病毒显然需要学会更多的本领。其中一个至关重要的本领是，找到一个使大批量病毒离开原宿主的方法，并且在原宿主的帮助下尽可能地接近下一个宿主。

这方面最典型的例子，就是各种引发呼吸道疾病的病毒，比如流感病毒、SARS 冠状病毒和新型冠状病毒。

在患者体内，这些病毒都能够快速感染呼吸道表面的大量上皮细胞，但这些上皮细胞并不会自行移动到另外一个人身上去。为了传播的需要，这些病毒会巧妙地和宿主完成“合谋”——咳嗽和打喷嚏。

一方面，作为一种防御病毒的反应，人体能够用黏液包裹病毒，然后通过咳嗽和打喷嚏，将其尽可能地排出呼吸道，尤其是排出鼻腔和气管，以减轻患者本人的病症。

另一方面，这些动作其实也促进了病毒的传播。病毒能够附着在这些微小的黏液颗粒上，借机离开人体深处，被喷射到周围环境中。

如果这时恰好有其他人经过，病毒就可能会黏在他们身体上，获得进入呼吸道、开启新一轮传播的机会。这就是我们都很熟悉的“飞沫传播”。

除了飞沫传播，病毒还开发出了很多其他的传播途径。比如寄生在消化道内的病毒，可能会通过粪口途径进行传播。简单说来就是，它们可以随着宿主的排泄物一起离开宿主身体，污染环境中的食物和水源。这样一来，如果别的生物接触了这些被污染的食物和水，病毒就可以随之进入它们体内。

还有一些病毒可以通过不同宿主之间的直接接触来传播，比如艾滋病病毒就可以通过性行为来传播。还有一些病毒可以借助其他生物的帮助，比如蚊虫的叮咬，来实现传播。

有些病毒还能主动强化宿主帮助其传播的能力，比如我们讨论过的狂犬病病毒，它的主要传播途径是动物在撕咬的时候造成伤口，然后宿主体液中的病毒就可以通过伤口进入受伤者的肌肉和血液，入侵附近的神经细胞，开始新一轮的传播。

为了增强自己的传播能力，狂犬病病毒一旦进入大脑，就会大大改变宿主的行为习惯，诱发狂躁和攻击性的行为，大大增加被感染的动物撕咬其他动物的可能性，为病毒的传播创造条件。可以说，为了自身的繁殖和扩散，病毒对生物学规律的借用达到了令人匪夷所思的程度。

总而言之，一种能够扩散传播的病毒总能找到办法离开宿主身体，入侵下一个宿主。

有了在细胞之间和个体之间传播的能力，病毒就真正具备了大规模传播的可能。我们熟悉的所有疾病大流行，包括 2019 年开始的新型冠状病毒肺炎的流行，其缘由都是如此。

对于病毒来说，大规模的传播有着双重的含义——繁殖和变异。

第一重含义是指，病毒获得了在不同细胞和不同宿主内部大量繁殖后代的机会。对于所有地球生物物种来说，繁衍都是最高级别的生存目标，病毒也不例外。

第二重含义是指，在这种持续的扩散过程里，病毒还获得了持续变异的机会。这一点对于病毒来说尤为珍贵。

任何一种生物在繁殖后代的过程中，都会因为遗传物质复制过程中出现的错误而产生一些基因变异。

对单个的后代来说，这些变异可能不见得是什么好事。但是从生物进化历史的角度看，这些基因变异为生物的持续进化提供了基础。在同一环境中，携带不同基因变异的生物彼此竞争，接受自然选择的洗礼，最终优胜者会获得更多的繁殖后代的机会，将自身独特的基因变异传递下去。

这样的竞争和繁殖重复亿万次，塑造了当今地球上五花八门的生物形态。

病毒当然也是如此，而且病毒的繁殖速度和变异速度，要远快于绝大多数地球生命。

这主要是因为它们的生命周期非常短暂。我们在前文提到过，流感病毒从入侵呼吸道细胞到产生好几百个病毒后代，只需要 6 个小时，这个繁殖速度比人类快了好几万倍。

与此同时，病毒在繁殖过程中产生基因变异的频率也要更高。人体细胞在复制 DNA 的时候，出错概率只有十亿分之一，而流感病毒在复制自身的遗传物质的时候，出错概率大概是十万分之一，足足比人类细胞高了上万倍。

从进化角度来看，病毒甚至可以说是刻意选择了一系列错误率更高的办法来实现自身遗传物质的复制。比如我们提到过的乙肝病毒的奇特复制方法——作为一种 DNA 病毒，它没有遵循人体细胞常用的从 DNA 到 DNA 的半保留复制过程，而是采用一套先从 DNA 制造 RNA，再从 RNA 生产 DNA 的两步复制法，这当然就为出现更多的复制错误，也就为更多的基因变异提供了机会。

繁殖和变异的叠加，赋予了病毒无可比拟的进化速度和适应能力。

单个病毒的力量微不足道，但一群病毒就成了“打不死的小强”，不管你用什么方法阻击，总有漏网之鱼，而且它们可以快速进化出抵抗力。

这种适应能力正是病毒生存的基础。

对于构造和功能都极其简单的病毒来说，它们没有多少本钱可以和宿主体内经过千锤百炼的防御机制作斗争，拼命繁殖、拼命变异，是它们能够成功存活和传播的看家本领。

顺便说一句，这也是在一种病毒性传染病暴发的早期，患病人数还不太多的时候，我们要尽可能提早防控的原因。在那个时候，病毒感染的人数还不多，病毒变异的机会还不大，相对比较容易将其一网打尽。一旦病毒开始长期流行，有了足够的时间进化出五花八门的特性，再想要消灭就难上加难了。

一个历史的教训就是 1918 年暴发的“西班牙大流感”。

那次流感据说杀死了全世界 5 000 万 ~1 亿人。但是在 1918 年春天刚暴发的时候，这场流感还是比较温和的。在传遍全球之后，病毒在当年夏天突然出现了使疾病更加严重的、致死率奇高的变异，最终导致了这场历史性的浩劫。

病毒传播层次三：物种之间的传播

超强的繁殖和变异能力，让病毒具备了在第三个层面传播的能力，那就是物种之间的传播。

前文提过，病毒具有很强的宿主选择性。就算是在同一个宿主身体里，它们往往也只会挑一些特殊类型的细胞去寄生。

换句话说，大部分病毒都不会也不能随意跨越物种之间的生物学屏障。非洲猪瘟病毒就是一个这样的例子，能感染猪，但不能感染人。而乙肝病毒和艾滋病病毒能感染人和其他灵长类动物，却不会感染除此之外的其他动物。

当然，也有一些病毒的宿主范围比较广，比如狂犬病病毒，它能够感染蝙蝠、猫和狗等多种哺乳动物。在实验室开展研究的时候，科学家发现它甚至还能感染鸟类和昆虫。不过，这样的病毒只是病毒世界里的少数异类。

病毒超强的繁殖和变异能力，还提供了另外一种可能性——虽然它们在此时此刻只能入侵某种特殊的宿主，但如果和另一个物种长期密切接触，那么只要给的时间足够长，基因变异发生得足够显著，它们就有可能获得入侵另一个物种的能力。

一个被研究得很透彻的例子是艾滋病病毒，或者更具体地说，是全世界最流行的那种艾滋病病毒——HIV-1。目前科学家认为，这种专门入侵人体免疫细胞的病毒，源自黑猩猩体内的免疫缺陷病毒（SIV）。据估计，这种病毒可能在黑猩猩体内已经存在了好几万年。但是到了 1920 年前后，黑猩猩体内的免疫缺陷病毒通过持续的基因变异获得了进入人体的能力。非洲刚果地区的居民在捕食黑猩猩的过程中，感染了这种病毒。自此，它开始在人类世界默默传播，并在一个世纪的时间里杀死了数千万人。

2002 年出现的 SARS 冠状病毒，可能也存在类似的现象。科学家推测，这种冠状病毒的祖先应该是生活在蝙蝠体内的某种冠状病毒。

病毒在积累了足够的基因变异后，获得了入侵果子狸这种中间宿主的能力，然后在果子狸体内继续变异、传播，最终在 2002 年具备了感染人类的能力。而人类养殖和贩卖果子狸的产业链，给它们最终的广泛传播提供了天然的便利条件。

2012 年广泛传播的 MERS（中东呼吸综合征）冠状病毒，2019 年首次出现在人类视野的新型冠状病毒，可能也遵循了类似的传播和进化路线（图 3-2）。

很多科学家猜测，人类世界里肆虐的绝大多数病毒，从流感到乙肝，从天花到麻疹，都有着天然的动物来源。

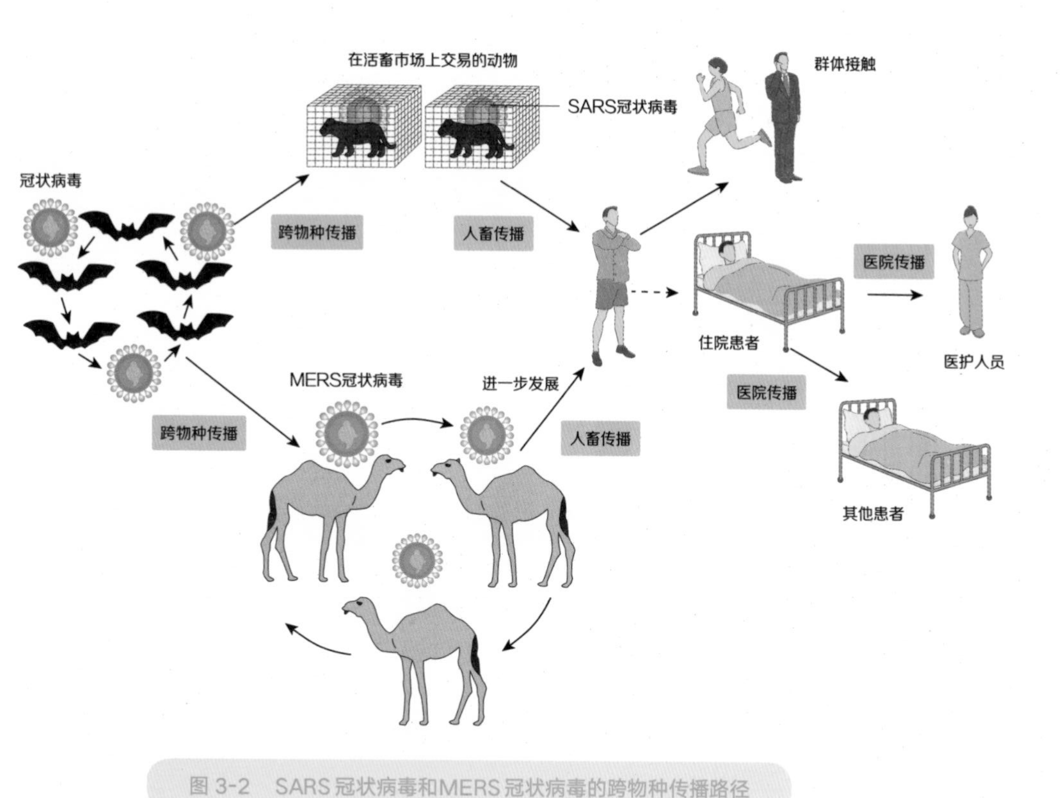

图 3-2　SARS 冠状病毒和MERS冠状病毒的跨物种传播路径

图片延伸

图 3-2 总结了两种曾经肆虐人类世界的冠状病毒——SARS 病毒和 MERS 病毒的跨物种传播路径。

人们在蝙蝠体内发现了高度类似 SARS 和 MERS 的冠状病毒，并据此推测这两种病毒的天然宿主都是蝙蝠。但是这些相对应的蝙蝠病毒的基因序列与人体病毒有着相当大的差别，这就引发了又一个推测：在蝙蝠病毒跨越物种传入人类世界之前，还应该有一个中间宿主作为中介，病毒在中介身上完成了最后的遗传变异，直至真正具备入侵人体的能力。人们一般认为，SARS 冠状病毒和 MERS 冠状病毒的中间宿主分别是果子狸和骆驼。

根据这些猜测，这两种病毒进入人类世界的路径大概是这样的：在某个未知的时间点上，蝙蝠与果子狸或骆驼发生了密切接触，蝙蝠体内的某种冠状病毒得以跨越物种屏障，在果子狸或骆驼群体内广泛传播。此后，在逐渐积累了更多的遗传变异后，这些冠状病毒最终在某个特定时间点上第二次突破物种屏障，进入人类世界，并且在医疗机构内部、在人与人之间快速传播。

根据这些历史经验，人们也猜测，2019 年年底开始的新型冠状病毒肺炎大流行，也遵循了类似的跨物种传播路径。人们也确实在蝙蝠体内找到了和新型冠状病毒高度类似的病毒，并据此猜测新型冠状病毒的天然宿主也是蝙蝠。人们也在积极寻找新型冠状病毒的中间宿主，并且提出了包括穿山甲在内的多种猜测。但是截至 2020 年秋，新型冠状病毒的中间宿主仍然没有定论，我们仍然不了解这种病毒的完整传播链条，也不知道它们是在什么时间、什么地点进入人类世界的。

在这里我还想强调一个有意思的细节。在病毒刚刚跨越物种屏障，从动物世界进入人类世界的时候，不一定立刻就能具备在不同人类个体之间传播的能力。

这句话听起来有点拗口，但是我解释一下，你肯定就明白了。一种病毒能够入侵人体的前提，是它能够瞄准人体细胞上的某种蛋白质分子，将其看作识别和入侵的靶子，就像艾滋病病毒找到的 CD4 蛋白、SARS 冠状病毒和新型冠状病毒找到的 ACE2 蛋白一样。在入侵人体细胞之后，病毒还要能够在这些细胞里自我复制，并且借助人体的某些活动，比如打喷嚏和咳嗽，离开人体，才能实现在人和人之间的持续传播。

对于某些进入人类世界的新型病毒来说，这项本领的修炼可不是一蹴而就的事情。2013 年在我国第一次发现的 H7N9 禽流感病毒，就不太具备这个本领，它能够感染人，却不具备在人和人之间持续传播的能力。而 2019 年出现的新型冠状病毒，自打被发现起就具备在人和人之间持续传播的能力，这也许说明它在被人类检测到之前，就已经完成了适应人体的进化过程。有时候，我们会用“有限人传人”和“持续人传人”来描述这两类病毒的特性。前者所描述的，就是不少进入人类世界的病毒虽然能够入侵人体，但是还不足以在人体中高效率地完成入侵→复制→扩散的循环，所以传播能力有限这一特征。

章后小结

- 病毒的传播能力体现在三个层面，即细胞之间、个体之间和物种之间。
- 在同一个生物个体内部，病毒可以快速地进行入侵→复制→扩散，感染大量同类细胞，这也是很多病毒导致疾病的根源。
- 借助飞沫传播、接触传播、粪口传播等手段，病毒可以在不同的生物个体之间传播，甚至导致疾病的大流行。
- 在持续的传播和变异过程中，病毒练就了逃脱宿主免疫系统的识别和追杀，跨越物种屏障，在另一个物种内部继续传播的能力。
- 多层次和超强的传播能力决定了病毒可能是最有生命力的地球生物。只要地球上还有细胞生命存在，就会有病毒的生存空间。
- 病毒强大的生存和传播能力给人类消除和对抗病毒带来了巨大的障碍，就算我们阻止了某一次病毒性疾病的暴发，也不知道它们是不是还在某个黑暗的角落里继续繁殖和变异，等待着下一次进攻人类的机会。

EVERYTHI
YOU SHOU
ABOUT VI

NG

LD KNOW

RUSES

第 4 章

隔离：

古老而有效的防控措施

人类如何对抗病毒性疾病的大流行？

说起来惭愧，在人类科学和医学如此发达的今天，最简单也最有效的对抗病毒的方法一点儿也不神秘，甚至有点儿“老掉牙”。

那就是隔离。

隔离为什么是对抗病毒传播最有效的途径

相信经历了新型冠状病毒肺炎疫情的你，对于隔离肯定有切身体会。

从 2020 年 1 月底开始，我们中国人都被以不同的形式封闭在了自己生活的社区内，不能聚会，不能闲逛，购物活动也被大大限制，更不要说长距离的旅行了。如果身边恰好出现了确诊患者，那你可能还要接受一段时间的强制隔离。伴随着新型冠状病毒在全球快速扩散，越来越多的国家、越来越多的人在体验着不同形式的隔离措施。

你可能不知道的是，隔离这种手段并不是因为这次新型冠状病毒肺炎大流行才发明出来的，甚至都不是针对病毒性传染病设计的。在人类文明的早期，当人类的祖先刚刚意识到传染病的存在时，他们就下意识地采取了某些隔离措施，来保证自己的安全。

在 2000 多年前成书的《论语》里就记载了这么一件小事，说孔子的学生冉伯牛生病，孔子亲自去探望，却没有进房间，而是“自牖执其手”——从窗户里伸手进去握住学生的手。后世有不少人猜测，这可能是因为冉伯牛患的是某种传染病，孔子为了避免传染，只是隔着窗户和学生说了会儿话。

当然，这个解释也许只是一种附会。有据可查的是，在古代，世界各地都有把严重传染病的患者集中起来居住，避免他们感染健康人的例子，最著名的就是对麻风病患者的隔离。麻风病是一种由麻风杆菌传染导致的慢性疾病，严重的会导致患者面容损毁、肢体残疾。在古代，人们对麻风病的发作束手无策，因此隔离就成了唯一的应对措施。

到了中世纪的欧洲，在“黑死病”的威胁下，正式的隔离制度开始出现。有些欧洲国家的地方政府要求，远来的船只在进港之前需要在海上停留 40 天，确认船员们全部身体健康才可以下船。你肯定能想到，这个 40 天的时间设置，就是为了覆盖疾病的潜伏期，以确保上岸的船员没有感染鼠疫杆菌。

在 1910 年暴发于中国东北的鼠疫疫情中，伍连德医生同样是借助强有力的隔离措施，在几个月内消灭了疫情，有效地避免了鼠疫在更大的范围内扩散。

读到这里，你可能会觉得好奇，作为一本讲病毒的书，为什么这里说的这些例子——麻风病和鼠疫，都是细菌引起的呢？

这恰恰可以说明隔离这个措施最本质的特点。

隔离措施起作用的根本原因

想要使隔离这个古老的手段发挥功效，根本不需要考虑传染病本身到底是由什么病原体引起的，也不需要知道这种病原体有什么特性。只要是防治传染病，隔离就能起效。

因为它的工作原理，其实是基于对传染病的数学规律的分析。

所谓“传染病的数学规律”，理解起来很简单。任何一种传染病要持续传播以至大流行，都必须能够由一个患者传染给不止一个健康人才行。如果一个患者在被感染期间平均只能传染 0.5 个人，那么每过一段时间，等原来的患者痊愈或者死亡，新患者的总数就会减少一半。久而久之，这种传染病就会慢慢消失。

一个患者能够传染的健康人越多，就说明这种疾病的传播能力越强，就越有可能发展为大规模流行病。

如果用数学语言描述这个逻辑，就不得不提到流行病学研究里很常用的“基本传染数”，也就是 R_0 的概念。R_0 衡量的就是在没有采取任何措施的情况下，一个患者在感染期间能够传染的人数。

根据上文的讨论，你肯定能够想到，对于任何一种具备流行能力的病毒性传染病来说，它的 R_0 肯定是大于 1 的。

比如，根据历史经验我们知道，每年秋冬季流行的季节性流感的 R_0 在 1.3 左右；著名的 1918 年“西班牙大流感”的 R_0 在 2 左右；2002 年 SARS 暴发初期的 R_0 在 2~5 之间；而水痘和麻疹这两种传染能力极强的疾病的 R_0 可能分别超过了 5 和 10。

至于 2019 年开始的这场新型冠状病毒肺炎，对于它的 R_0，我们可能要等到疫情过去之后才能得出准确的数值。根据目前的估算，新型冠状病毒肺炎的 R_0 可能和 SARS 的较为接近，在 3 左右（图 4-1）。

但是请注意，相比于 R_0，也就是一种传染病在自然条件下的传播能力，实际传染数 R 这个指标更有意义。后者衡量的是人类能采取哪些措施，将疾病的流行限制到什么程度。不管一种疾病的 R_0 有多高，只要我们把实际传染数 R 降到 1 之下，就可以有效消除这种疾病。

如何提升隔离的效果

那么，我们该如何降低实际感染数 R 的数值呢？要做到这一点，我们先来看看它到底是由什么因素决定的。

实际感染数 R 由三个相互独立的因素决定：（1）疾病的感染周期；（2）患者和其他人的接触频率；（3）每次接触过程中传播疾病的概率。

可以想见，一种疾病的感染周期——从得病到痊愈或死亡的时间越长，在这段时间内患者接触的健康人越多，每次接触的时候健康人越容易被感染，R 就越大，这种疾病当然就越容易流行起来。

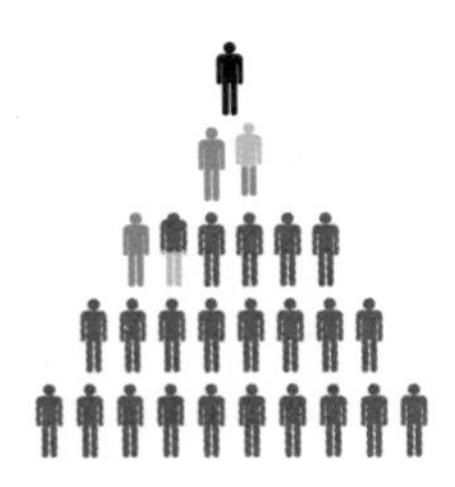

新型冠状病毒肺炎
1.4~3.3
（这一数值仍未最终确定）

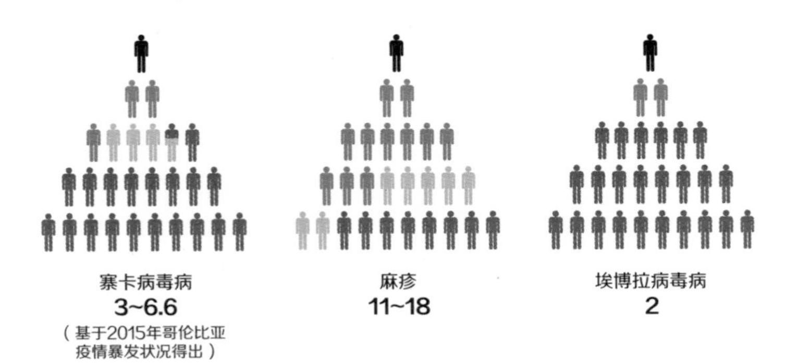

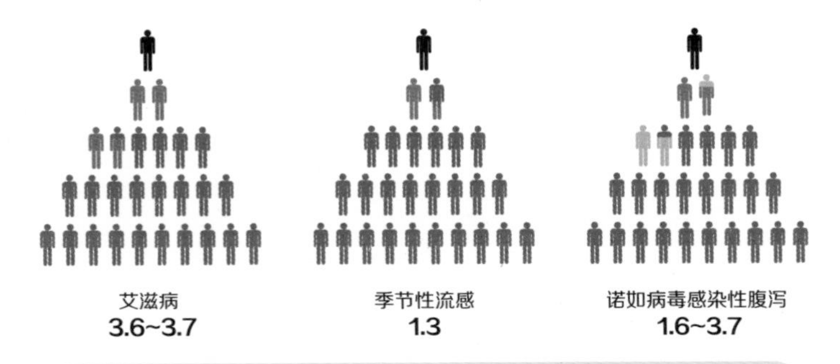

图 4-1　不同疾病的基本传染数 R_0 的值

图 4-1 列出了人类世界中多种主要疾病的基本传染数 R_0 的值。很显然，R_0 越大，就说明一种疾病的扩散能力越强，对它的防控就越难开展。

当然，我还要提醒你注意两个细节。

第一，基本传染数 R_0 定义的是在没有采取任何措施、人群也没有任何天然免疫力的情况下，一个患者在感染病毒后能够传染的人数。换句话说，它衡量的是“理想世界”里病毒的传播能力。而在流行病暴发的过程当中，人类总是会或多或少采取一些措施来控制病毒的传播，且不同人类个体对病毒的易感程度也存在差别，因此 R_0 实际上是一个无法被直接测量的数值，一般需要结合病毒流行的情形，建立数学模型，在疾病暴发结束后对 R_0 做出推测。这就会导致一些偏差的存在，对正在流行中的疾病的 R_0 的预测更是如此。比如对新型冠状病毒肺炎的 R_0，可能要等疫情尘埃落定后才能有一个比较精确的估算。

第二，R_0 固然重要，但它并不是我们描述和防控传染病时唯一需要注意的指标。虽然 R_0 越大疾病防控难度越大，但我们并不能说 R_0 越小，疾病防控就会天然地越容易些。以季节性流感为例，这种疾病的 R_0 不大，但人类至今仍没有任何有效的方法从源头上遏制流感在每年秋冬季节的大流行。这一方面是因为流感病毒的天然宿主众多，使人类无法将其彻底消灭，也就无法阻止病毒每年反复入侵人类世界；另一方面则是因为这种疾病的隐匿性很强，在潜伏期内也有传播能力，这就让在社会层面进行防控变得很困难。我们很难发现和隔离那些毫无症状的病毒携带者。

你可能已经想到了，新型冠状病毒肺炎的流行和流感有些相近。新型冠状病毒肺炎的 R_0 并没有大到惊人，整体和 SARS 较为接近，远低于麻疹等。但是为什么新型冠状病毒肺炎会以惊人的速度传播，甚至将人类带入一场百年不遇的公共卫生危机？其中特别重要的因素可能是新型冠状病毒肺炎传播的隐匿性。新型冠状病毒入侵人体之后会潜伏较长时间，而在潜伏期内同样具有传播能力，还有大量的患者症状轻微难以引起重视。所有这些特征导致传染病防控工作，特别是及时发现患者和及时采取隔离措施，变得非常棘手。

而如果我们想要限制疾病的流行，就需要考虑从这三个因素入手。

疾病的感染周期往往属于疾病的自身特性，比如流感的病程一般是一周左右，艾滋病的病程可能长达几年甚至几十年，这个因素往往无法轻易改变。

但在接触频率和感染概率这两个方面，我们是可以采取措施的。

而这也恰恰是隔离措施能够发挥作用的地方。

隔离措施的第一个操作，是尽快发现新患者，并把他们隔离在专门的医疗机构里。

除方便治疗之外，隔离更重要的作用是大大减少患者和健康人的接触频率，从而阻止疾病继续扩散。在 2019 年开始的这场新型冠状病毒肺炎疫情里，对确诊患者，甚至是对所有患呼吸道疾病的患者，采取尽收尽治的措施，以及通过大规模建设方舱医院来提高诊治能力，就是出于这个目的。在季节性流感暴发时，医生建议患者居家隔离，不要上班，不要上学，这也是一种温和地隔绝患者和健康人接触的措施。1910 年，伍连德医生在东北建立防疫疑似病院（图 4-2），也是一种早期的隔离措施。

图 4-2　伍连德医生建立的防疫疑似病院

图片延伸

1910 年，风雨飘摇的大清王朝又迎来了一次重创。曾经无数次扫荡人类世界的烈性传染病鼠疫悄悄来到了中国东北。在抗生素尚未发明时，人类对抗鼠疫传播的唯一方法就是隔离。

1910 年 12 月，当时在北洋军医学堂任职的伍连德医生前往中国东北，担负起了对抗鼠疫的重任。他在短期内就明确了鼠疫的传播途径，即在人和人之间通过飞沫传播。这个在当时堪称惊世骇俗的发现（传统观点认为鼠疫只能靠老鼠身上的跳蚤间接传播）为后续采取有针对性的隔离措施奠定了基础。

伍连德医生主持采取的隔离措施包括：切断东北和内地的铁路联系；收集和焚烧患者尸体；对鼠疫暴发的核心区域傅家甸实施强制封锁，严控人员流动；将患者集中送往医院治疗，并隔离患者家属，建立防疫疑似病院；大量制作和分发简易棉纱口罩。在这些措施的共同作用下，截至 1911 年 3 月，鼠疫疫情得到有效控制。中世纪“黑死病”扫荡欧洲的惨剧，在中国大地上停下了脚步。

站在当下回望历史，你会发现，伍连德医生所有隔离措施的目标都是快速降低鼠疫的实际传染数 R。切断铁路交通、强制封锁疫区、隔离患者、焚烧尸体，都是为了降低病原体和健康人的接触频率；佩戴口罩则是为了减少飞沫传播，降低健康人的感染概率。在多种措施的共同作用下，尽管鼠疫在当时无药可治，它的流行和蔓延却受到了立竿见影的控制。在 2019 年暴发的这次新型冠状病毒肺炎疫情当中，对于几乎所有的管控措施，我们都能够从伍连德医生当年的做法中找到踪迹。

隔离措施的第二个操作，是限制人群的大规模流动和集会，实现健康人之间的隔离。

这些措施针对的是未发病和未确诊的健康人，其实也是为了降低患者和健康人的接触频率。毕竟某种病毒的感染者可能在出现症状、就医确诊之前，就已经具备了传播疾病的能力。因此即便大家看起来都很健康，在紧急情况下也需要降低彼此接触的频率。

在新型冠状病毒肺炎疫情中，我们所经历的全国范围的停工停学，甚至以乡村和社区为单元的封锁措施，都是出于这个目的。在每年的流感季节，根据发病情况，不少地区都会采取诸如学校停课、取消公众集会等措施，也是出于同样的目的。

隔离措施的第三个操作，是呼吁大家养成良好的个人卫生习惯，降低在接触中被感染的概率。

想要做好这一点，我们还需要对疾病多一点了解，那就是搞清楚它的具体传播途径。比如防控呼吸道传染病时，因为病毒主要靠飞沫和接触传播，因此要求大家佩戴口罩、科学洗手、打喷嚏和咳嗽的时候遮掩口鼻就是必要的。而防控甲型肝炎和痢疾这样的消化道传染病时，因为病毒主要靠粪口途径传播，因此要饭前便后洗手、消毒餐具和食品，这同样是为了降低接触中的感染概率。

根据我们对实际传染数 R 的分析，从理论上说，只要隔离患者、限制人群流动和集会、采取有针对性的保护措施，就一定可以有效降低传染病的扩散速度。

有效控制疫情的两个限制因素

但是在现实中，我们能不能真正有效地控制疫情的扩散，能不能将实际传染数 R 降到 1 以下从而彻底消灭传染病，还受到两个重要限制因素的影响。

这两个限制因素，一个是疾病本身的特性，另一个是公共管理能力。它们的差别，可能会把传染病防控引向完全不同的结局。

限制因素一：疾病本身的特性。

为了说明这个问题，我们先来比较两种不同的传染病——季节性流感和 SARS。这两种疾病都是由病毒引起的，而且都主要依靠飞沫传播和接触传播在人群中扩散。相比之下，SARS 的天然传播能力还要显著强于季节性流感，前者的 R_0 在 2~5 之间，而后者的 R_0 只有 1.3 左右。

但是 2002 年年底出现的 SARS，在不到 1 年的时间内就被很好地控制住了，在那之后也没有大规模暴发。而季节性流感却每年都要暴发，每年都会导致数亿人感染、数十万人死亡。这是为什么呢？

这里头当然有很多复杂的因素，但是套用我们刚才的分析，你会发现，两种疾病本身的特性影响了隔离措施的有效开展。

SARS 固然来势凶猛且非常危险，但是作为一种新进入人类世界的传染病，它的感染人数一直不多，最终也没有超过 1 万人。而 SARS 在潜伏期内并没有什么传染性，一旦发病，症状就非常剧烈和典型，所以患者很容易被识别出来并进行隔离和治疗。

这些要素决定了，只要政府部门采取强有力的措施，迅速隔离所有的确诊患者和他们的密切接触者，就能在短时间内有效地降低疾病的实际传染数，最终将其消灭。实际上在世界各地，在相关部门采取措施之后，SARS 的实际传染数 R 很快降到了 1 以下。

相比之下，自然状态下传播力远不如 SARS 的季节性流感，可就没有那么好对付了。

流感患者的基数动辄就有数百数千万，而且很多时候患者的症状不严重也不典型，很难和秋冬季节的其他呼吸道疾病区分开。与此同时，流感患者在潜伏期内就有很强的传染性。

这样一来，针对流感的隔离措施就很难做得彻底。任何一个国家的公共卫生系统都不可能收治那么大数量的流感患者，很多患者只能在家自行休养，这就大大增加了他们接触其他人、传播病毒的可能。限制人群流动和集会在实际操作上也会变得非常困难。任何一个看起来很健康的人，都有可能是流感病毒的携带者和传染源。除非彻底停止所有活动，让所有人都待在家里，否则我们根本无法完全切断流感病毒的传播。而停止所有活动的社会和经济代价过于巨大，以至于我们根本没有执行的可能。

这些特征导致了隔离措施很难开展，结果就是，天然传播力更强的 SARS 反而得到了有效而快速的控制，传播力更弱的季节性流感却成了人类挥之不去的梦魇。

限制因素二：公共管理能力。

除了疾病本身的特征，国家或地区公共管理能力也会影响传染病防控的结果。

这一点其实很好理解。识别和隔离患者也好，限制人口的流动和集会也好，要求大家遵守戴口罩、勤洗手这样的个人卫生习惯也好，都需要极强的公共管理能力才能真正“落地”。同样的政策，在不同的社会管理系统和不同的执行者手里可能会收到截然不同的效果。

拿中国来说，在新型冠状病毒肺炎疫情发展的早期，经历了一段时间的措手不及，在疫情管控和患者治疗方面经受了很大的压力。而在全面的疫情管控开始之后，即使是武汉“封城”之后，也存在一些管理细节上的瑕疵，这一点无须讳言。

但是在 2020 年 2 月到 3 月间，强大的社会管理能力确实收到了很好的效果：短时间内新建医院、增加病床，对确诊患者做到尽量隔离和收治；在保证物资供应和基本生活需求的同时，强有力地限制全国范围内公众的出行和聚集，阻止了疾病在潜伏期内的传播。而我们强大的工业制造能力和供应链也在短时间内让全国大多数居民戴上了口罩，用上了洗手液……根据不少分析渠道的测算，在那之后，新型冠状病毒肺炎在我国的实际传染数 R 很快降到了 1 以下，新发病人数呈断崖式下跌。

这些措施和成就，世界上绝大多数国家和地区可能都很难模仿。

继续回到流感和 SARS 的对比话题上。新型冠状病毒肺炎的传播规律可能更像季节性流感。这种疾病有着漫长的潜伏期，而且在潜伏期内就具备传染力；这种疾病的症状相对温和，可能会导致很多患者根本没有察觉，或者不就医就自行好转；这种疾病的患者基数已经远超 SARS……这几个特性使得采取隔离措施、管控疾病流行变得非常困难。就在本书完稿前，世界卫生组织正式宣布全球进入新型冠状病毒肺炎大流行期。在 2020 年年初，已有不同领域的专家表示，这种疾病的全球大流行看起来无可避免，对这种病毒的消灭措施几乎不再有现实意义，我们需要适应和新型冠状病毒长期共存的新常态。

我个人也同意这种分析。但如果说真的有少数地区可以有效管控这种疾病，阻止这种疾病大流行的话，中国肯定是其中之一。做出这种判断的依据，正是中国在这次疫情中体现出的强大的公共管理能力。

章后小结

- 作为一种古老而有效的传染病管控手段，采取隔离措施不需要事先搞清楚疾病的生物学特征。它之所以能起作用，是建立在关于传染病的数学规律之上的。
- 从理论上说，不管是什么传染病，只要能够采取措施，降低患者和其他人的接触频率，降低每次接触中传播疾病的概率，就能够对其有效管控。
- 在实际中，管控的成果在很大程度上取决于疾病本身的特性及公共管理能力的高低。

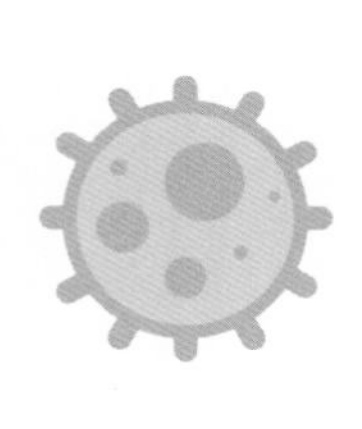

EVERYTH
YOU SHOU
ABOUT VI

NG

LD KNOW

RUSES

第 5 章

疫苗：

对抗病毒感染的最后防线

哪怕对传染病的性质一无所知，我们也能通过隔离降低患者和其他人的接触频率，以及每次接触过程中传播疾病的概率，从而管控传染病的流行，这其中当然包括病毒导致的传染病。

但隔离这种措施太被动了，而且通常社会成本也比较高，那有没有一种更主动、成本更低的防范病毒性传染病的方案呢？

有，那就是使用我们熟悉的疫苗。

平均而言，从小到大，每个人都会接受十多次疫苗注射。每年流感季节前，各个医院和社区卫生服务中心里也都会排起接种流感疫苗的长队。

想要用疫苗对抗传染病，疾病本身的性质是至关重要的影响因素。

治疗病毒感染没有特效药

人类世界流行的传染病，主要是由细菌和病毒这两类病原体引起的。细菌引起的疾病包括我们熟知的肺结核、炭疽病、痢疾，病毒引起的疾病包括艾滋病、流感、各种病毒性肝炎、SARS 和新型冠状病毒肺炎等。而我们平常的发烧，伴随着咳嗽、拉肚子等各种症状，一般也是细菌或病毒感染引起的。

由细菌和病毒引发的传染病，即使症状类似，比如都是发烧、咳嗽、拉肚子，治疗的时候也需要视具体情况而定。

抗生素的发明使人类在过去 100 年的时间里拥有了一类对抗细菌的终极武器。只要抗生素选得合适、用得及时，细菌性传染病通常不会对人们构成致命威胁。当然，在 100 年的辉煌胜利之后，细菌慢慢进化出的耐药性可能会成为另一个麻烦，但那是另外一个话题了，我们在这里不做过多讨论。

但病毒就不一样了，人类至今还没有找到针对这类病原体的特效药物。

没有特效药物，就意味着一旦感染上病毒性传染病，我们就没有特别好的办法立竿见影地杀灭病毒、治疗疾病。因此，人类对抗病毒必须使战线前移。一方面要通过隔离手段阻止疾病传播；另一方面则要研发疫苗，保护健康人免受感染，这也是人类抵抗病毒的前沿阵地。

疫苗的作用原理

对于疫苗的作用原理，我们可以从两个层面来理解。

第一，在传染病的数学规律层面，疫苗不会改变病毒的感染周期，当然也不会降低患者和其他人的接触频率，但能够有效地降低每次接触过程中传播疾病的概率。

如果患者接触的人当中，有相当一部分甚至全部都接种了疫苗并获得了免疫力，那么病毒的传播能力就会被大大限制。换句话说，打疫苗可以看作升级版的戴口罩、勤洗手，目的都是阻断病毒在接触过程中的传播。

从这个层面理解疫苗的作用，你一定能得出一个很反常识的结论。

用疫苗对抗病毒性传染病，其实并不需要疫苗能够对所有人起作用，只要它能够保护相当比例的人，就能大大限制疾病的传播和流行，甚至把传染病的实际传染数 R 降低到 1 以下，从而逐渐消灭疾病。如果一种传染病的

基本传染数 R_0 为 3，也就是说在感染期间 1 个患者平均可以传染 3 个健康人，而通过接种疫苗，让人群中 2/3 以上的人具有免疫力，那么即便还有 1/3 的人容易被感染，这种传染病的实际传染数也能够降低到 1 以下。换句话说，这 2/3 通过接种疫苗获得了免疫力的人，为其余 1/3 的人提供了保护。

这就是用接种疫苗的方法实现所谓的“群体免疫”的原理——疫苗让一个群体中的大部分人获得了免疫力，就能够间接地为其他不能或者不愿意接受疫苗接种的人提供保护。

这里面最典型的例子是季节性流感疫苗。根据美国疾病控制和预防中心的统计，这类疫苗的有效率常年在 50% 上下波动，有些年份甚至会低至百分之十几到二十几的水平（图 5-1）。也就是说，接种了流感疫苗的人群里，有相当一部分其实并没有获得免疫力（这里面的原因我们下面会讲到）。但是各国政府和公共卫生管理机构仍然一直在建议公众积极接种流感疫苗。这里头的原因就是我们刚刚讨论的，疫苗不仅是用来保护接种者的，它还可以阻断疾病蔓延，间接保护未接种者以及无法通过疫苗获得免疫力的人。而为了实现这个目标，就需要有尽可能多的人接种疫苗。

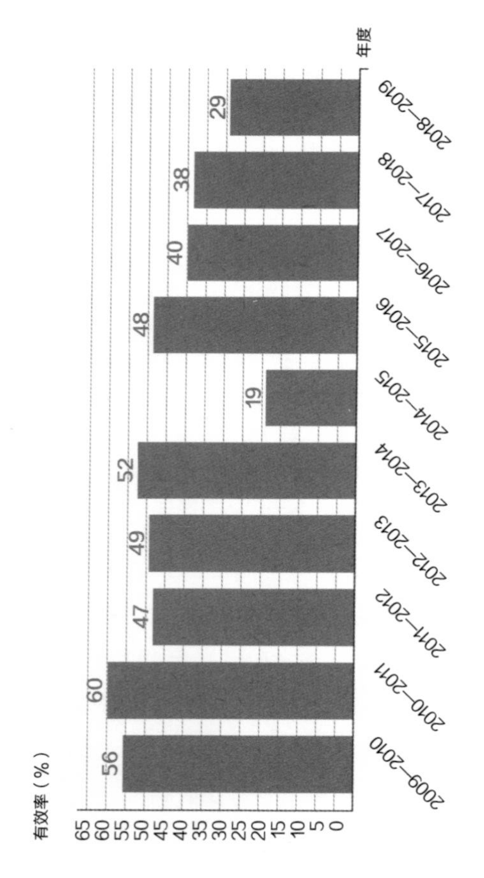

图 5-1　不同年度美国国内季节性流感疫苗的有效率

图片延伸

图 5-1 列出了在不同年度美国国内的流感疫苗针对季节性流感的有效率，数据来源是美国疾病控制和预防中心。

简单说来，在每一年季节性流感流行的时候，美国疾病控制和预防中心都会研究比较接种流感疫苗的人群、未接种流感疫苗的人群以及接种了安慰剂的人群患上流感的概率，从而推算出每年流感疫苗的有效率。

从图 5-1 中可以看到，流感疫苗在不同年度的保护作用相差甚大。在有些特殊的年度（比如 2014—2015 年），流感疫苗的保护作用低到难以想象——接种疫苗的人的患病概率仅仅降低了不到 20%。这就好比 100 个没有接种疫苗的人里经过一个冬天会有 10 个人染上流感，而接种了疫苗的 100 个人里会有 8 个人染上流感。

这又是为什么呢？

因为流感病毒的基因在传播过程中发生了持续变异，导致每年秋冬季流行的流感病毒都存在差异。而受到疫苗制备周期的限制，每年人们都需要在流感流行之前提早开始疫苗的生产工作。这样一来，研究人员就需要在每年春天推测秋冬季节可能会有什么样的流感病毒毒株流行，然后根据这个推测制备大量疫苗供世界各地的人们接种。

但是这种推测从理论上就无法做到特别精确，毕竟病毒的变异方向是无法控制的。如果到了秋冬季，实际情况与人们的推测差异比较大，疫苗的保护作用就会较差。但在当下，我们不应忽视接种流感疫苗带来的保护作用。

想要制备更有效的流感疫苗，一个思路是更精确地掌握流感流行的规律，更好地做出预测；另一个思路则是提高疫苗研发生产的效率，可以在当年流行的流感病毒出现之后再开始生产。在本章的后半部分，我还会讨论各种全新的疫苗制备手段。

第二，在生物学层面，疫苗是通过激发和训练人体的免疫系统来起作用的。

虽然病毒拥有高效而简单的入侵能力，但人体的防御功能同样是非常发达的。在绝大多数时候，人体免疫系统能在大多数病毒刚刚进入人体的时候就识别和消灭它们。即便有少数病毒入侵了人体细胞，人体也能通过各种方式清除它们，甚至干脆将一部分人体细胞杀死，用壮士断腕的方式保护自己。

一个典型的例子就是乙肝。这种慢性疾病是由乙肝病毒入侵人体肝脏细胞引起的。但是对于 95% 的成年人来说，即便被乙肝病毒感染了也没什么大不了。他们会出现诸如发烧、肝区疼痛、食欲不振、恶心等症状，但是过一段时间就会自行好转。在这个过程里，人体免疫系统会将体内的乙肝病毒彻底清除。这些人不仅不会患上慢性乙肝，而且他们的免疫系统反而会“记住”乙肝病毒的模样，获得对乙肝病毒的终身免疫力。

真正危险的，是免疫系统还没发育完全的婴幼儿，还有那些体质虚弱、抵抗力低的成年人，他们被乙肝病毒入侵后，由于免疫系统的保护能力较弱，短时间内无法彻底清除病毒，导致病毒在细胞深处安家，就很容易发展成慢性乙肝。

流感和新型冠状病毒肺炎这些呼吸道传染病也有类似的特性，即便不采取任何措施，大部分人也能依靠自身免疫系统的机能自行好转。在 2019 年开始的新型冠状病毒肺炎疫情中我们也能够看到，绝大多数重症患者和死亡患者，都是年龄偏大、身患基础疾病、体质虚弱的人。

想要阻止疾病的传播，一个思路就是事先激发和训练人体的免疫系统，让它能够为可能到来的病毒入侵做好准备。这也是疫苗起作用的基本生物学原理。

疫苗的真相：人工制造的假病毒

人类历史上最古老的疫苗，是约 1 000 年前由中国人和印度人发明的用来对抗天花病毒感染的人痘疫苗。它是直接用真的病毒来提前训练人体免疫系统。

古代人的操作是，在健康人的胳膊上划一道伤口，然后将在天花患者身上收集的含有病毒的脓液涂抹进伤口里，或者把在患者身上收集的含有病毒的痘痂磨成粉吹到健康人的鼻孔里，从而创造一次局部的、小范围的、不那么危险的天花感染。

这些天花病毒进入伤口后，会被人体的免疫系统识别出来，然后就会有一大批各种各样的免疫细胞来围攻和消灭它们。因为病毒局限在伤口那么一小块儿地方，引发全身感染的概率并不高，加之数量有限，所以比较容易被消灭。

更重要的是，在这个过程中，人体的免疫系统能够形成对这些入侵病毒的“免疫记忆”。

具体说来，就是在免疫系统的战斗完成后，人体会专门储备一小批可以识别天花病毒的免疫细胞。这样一来，当真正危险的天花大流行开始的时候，由于这些人身体内的免疫细胞已经被事先激发和训练过，就能够在第一时间拉响警报，抵抗病毒入侵，阻止病毒在身体里繁殖到难以收拾的地步。这种免疫细胞甚至可以终身存在于人体内。

当然，用真病毒当疫苗训练免疫系统这个操作还是有很大风险的。

在古代人进行的人痘疫苗的实践中，有大约 2% 的人会因天花病毒严重感染而死亡。虽然这个比例远远低于天花大流行导致的 30% 的死亡率，但显然也会大大限制类似疫苗的推广。在天下太平的时期，人们很可能会因为畏惧 2% 的死亡率而拒绝接种这种天花疫苗，而等大流行真正开始的时候再接种就来不及了。

近代以来，人类又发明了许多其他的疫苗制造方法，用于替代真的病毒。

现在我们常见的疫苗，其实都是人工制造的假病毒，或者更确切地说，是被人工改造过的、失去了严重致病性的病毒。它们被人为地去掉了病毒当中会导致疾病的部分，保留了其他和真正的病毒相像的部分，这类疫苗进入人体也能够激发人体的免疫记忆，从而为防范真的病毒入侵做好准备。

那这些假病毒是怎么制造出来的呢？

历史悠久的两种制造疫苗的方法分别是减毒疫苗和灭活疫苗。

所谓“减毒疫苗”，就是科学家在实验室长期培养和筛选病毒的过程中找出的一些毒性很弱的病毒株。这些病毒仍然是活的，进入人体之后也同样能入侵细胞，激发免疫反应，但是由于被挑选的都是毒性较弱的病毒，所以它们的致病概率会大大降低。这样一来，接种了这些减毒疫苗的人，等于是用一次轻微的病毒感染，换来了对严重传染病的抵抗力。

现在的孩子接种的麻腮风疫苗、水痘疫苗、乙脑疫苗等，都是减毒疫苗。曾经大规模推广但现在已经被基本淘汰的脊髓灰质炎“糖丸”，也是减毒疫苗。

18 世纪英国医生詹纳发明的牛痘疫苗本质上也是一种减毒疫苗，其原理是用对人体毒性很弱、类似天花病毒的牛疱疹病毒作为疫苗，来训练接种者对天花病毒形成免疫记忆。

到目前为止，减毒疫苗是人类发明的最有效的一类疫苗。注入人体的假病毒和真的危险病毒几乎别无二致，在入侵细胞的方式、自我复制的能力以及形状和结构上都非常相似。因此，它们能够激发最“原汁原味”的免疫反应。

当然，减毒疫苗也有它的问题。

这些活病毒会持续复制和变异，如果变异后又产生了很强的毒性，就会很麻烦。现在已经被淘汰的脊髓灰质炎“糖丸”，就有可能让孩子真的患上小儿麻痹症，不过这个概率很低。

相比之下，灭活疫苗的优点和缺点正好和减毒疫苗相反。

所谓“灭活疫苗”，通俗理解就是把真病毒用化学或者物理方法彻底杀死和破坏，再注射进人体。进入人体的死病毒没有能力再繁殖和入侵人体细胞，只是在结构特征上与真的病毒相近，但同样可以使人体形成免疫记忆。这种处理方法决定了灭活疫苗风险性很小，但同时免疫效果也会差一些，有时候需要连打好几针才能起效，因为它们毕竟不是真的病毒。我们现在广泛使用的脊髓灰质炎疫苗、流感疫苗和甲肝疫苗，都属于灭活疫苗。

对于人类世界来说，疫苗的作用是无论怎样强调都不为过的。

天花仅在 20 世纪就杀死了超过 3 亿人，但是在天花疫苗的帮助下，这种疾病已经被人类彻底消灭。导致无数儿童瘫痪和死亡的脊髓灰质炎，到 2018 年，仅在阿富汗和巴基斯坦有不到 30 个病例。[1]

在我国，乙肝疫苗的免费接种让儿童的乙肝病毒感染率从曾经的 10% 下降到了 0.32%，我们将会在一两代人

1　数据引自世界卫生组织于 2019 年 1 月 4 日发布的《巴基斯坦和阿富汗：天然脊髓灰质炎病毒的最后堡垒》（*Pakistan and Afghanistan: the final wild poliovirus bastion*）一文。

的时间里摘掉“乙肝大国”的帽子。

虽然流感疫苗的有效率并不令人满意，但也大大降低了流感导致的平均死亡率。

不管是生产减毒疫苗还是生产灭活疫苗，都需要首先在实验室和工厂里培养特别多的病毒。而这往往会成为疫苗生产和推广环节中最大的限制因素——不仅工厂产能跟不上，就连具备病毒培养资质的工厂本身都是稀缺资源。

以每年都要重新研发和生产的流感疫苗来说，在每年 2 月，世界卫生组织都会公布对当年流感疫情的预测，在这之后，北半球的国家就会开始生产疫苗。这个过程往往会持续 5~6 个月，才能在北半球入冬之前储备足够多的疫苗注射剂。而如果预测出现偏差，辛苦准备的疫苗保护效果不尽如人意，我们根本来不及再准备新的疫苗。

对于很多突然暴发的病毒性传染病来说，除生产外，疫苗前期的研发环节也同样需要很长的时间，这就让人类根本没有足够的反应时间去研发和生产疫苗。在很多时候，甚至疫情都已经消失了，疫苗还处在研发阶段，当年 SARS 疫苗的研发就是这样的情况。在 2019 年暴发的新型冠状病毒肺炎疫情中，面对公众的热切期待，各国专家也在反复强调，疫苗的研发就算再顺利，也需要 1 年到 1

年半的时间才能完成所有必需的测试。

如何加快疫苗的研发和生产

那有没有办法加快疫苗的研发和生产节奏呢？

在新技术的帮助下，疫苗研发和生产也许可以在局部环节提速。

按照减毒疫苗和灭活疫苗研发的逻辑，你应该还能想到另一个思路，就是干脆只用病毒的一部分，比如蛋白质外壳，甚至只是蛋白质外壳上的一个蛋白质分子，是不是也能起到类似假病毒和死病毒的作用，激发人体的免疫反应？利用最近几十年出现的分子生物学技术，在实验室和工厂里生产一个蛋白质分子的难度要比培育病毒小得多。

现在广泛使用的乙肝疫苗，就是这样一种疫苗。人们在实验室里生产乙肝病毒的某种蛋白（S 蛋白），配合各种能够激发免疫反应的其他成分，就可以直接给人注射了。

近年来甚至还出现了一个看起来更简单的办法——直接把一段病毒的 DNA 或者 RNA 当成疫苗注射进人体。这些核酸进入人体细胞后，能够指导人体细胞生产出病毒上的某种蛋白质。这样就等于把生产蛋白质这一步也省略了（图 5-2）。

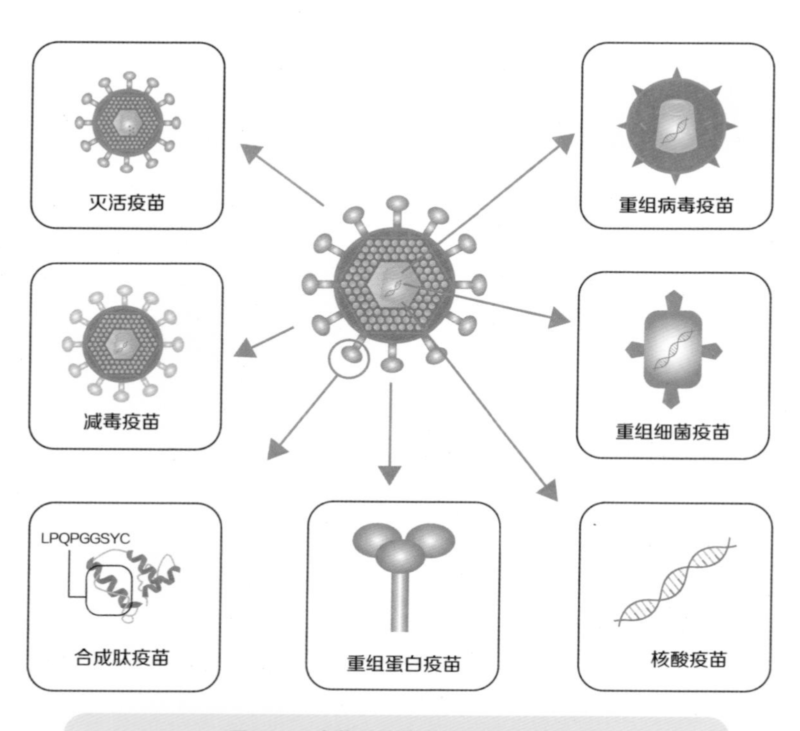

图 5-2　疫苗研发的多种技术路线

图片延伸

图 5-2 列出了疫苗研发的各种技术路线。制备疫苗的传统路线主要是灭活疫苗和减毒疫苗。我们从小到大接种的绝大多数疫苗都属于这两类。灭活疫苗本质上就是被彻底杀死和破坏的病毒，它的好处在于相对安全，但激发免疫反应的能力较差，而且大规模生产不太容易。而减毒疫苗则是人工筛选和培养的、对人体危害极低的活病毒，它的好处是能够最大程度上原汁原味地模拟天然的病毒，免疫保护作用好，而麻烦之处在于研发周期较长。

除这两种疫苗之外，人们近年来陆续尝试了疫苗研发的多种新技术路线。这些技术路线有一个共同点，就是省略了培养和筛选病毒的步骤，利用分子生物学技术直接生产病毒的某个组成部分，然后将这一病毒组分注射入人体，激发免疫反应。

重组蛋白疫苗和合成肽疫苗路线，就是在实验室里合成出病毒的某种重要蛋白质，或者某种重要蛋白质的一小部分；而核酸疫苗（包括 DNA 疫苗和 RNA 疫苗）路线则是直接把能够指导蛋白质生产的核酸注射到人体内，让人体细胞合成某种重要的蛋白质，产生免疫力。重组病毒疫苗和重组细菌疫苗的逻辑也基本一致，无非是把生产病毒蛋白质的场所从实验室或者人体细胞，搬到了某种人工改造的病毒或者细菌的内部。

这些更新的疫苗研发路线的优势是研发速度极快，但成功率存在巨大的不确定性。毕竟人类目前还没有太多这些技术路线上的成功经验可以借鉴。

在应对 2019 年暴发的新型冠状病毒肺炎疫情的过程中，几乎所有技术路线都被动员起来了。这种“饱和式研发”，体现了人类应对巨大公共危机时凝聚成的巨大力量。

这些全新的方法，确实有可能帮我们大大提高疫苗的研发和生产速度。根据 RNA 疫苗的先锋——美国 Moderna 公司的说法，它们的 RNA 疫苗能在 4 个月内完成研发。就在 2020 年 3 月，针对新型冠状病毒，美国 Moderna 公司研发的 RNA 疫苗和中国科学家研发的重组腺病毒载体疫苗，已经正式进入了临床试验阶段，还有更多的疫苗也在研发过程中。截至 2020 年年底，多款新型冠状病毒疫苗已结束临床试验，随时会进入大规模接种阶段。在危机面前，人类疫苗研发的推进速度是史无前例的。

但我在这里必须强调一下，疫苗的研发和生产程序也许可以加速，但有些环节是无论如何也无法省略的。

所有环节中最消耗时间和资源的，就是对新疫苗进行大规模的人体临床试验。不管人们对新疫苗的需求多么迫切，这一步都是无法省略的。

原因也很容易理解。给健康人接种疫苗，目的当然是保护他们免受传染病的侵袭，帮助人类应对传染病的大流行。既然如此，我们就得确定接种的疫苗能够产生实实在在的防护效果，而不只是心理安慰。而且，不管接种疫苗的目的多么正当，我们都得先确保疫苗的安全性，不能给原本健康的人造成严重的威胁。因此，在正式推广使用之前，进行广泛的人体试验以保证疫苗的有效性和安全性，是必不可少的环节。

疫苗的人体临床试验过程，与一般药物研发的对应过程相比，在逻辑上还不太一样。

每一款新药在上市前都需要经过严格的临床试验。这个过程的基本逻辑是要进行大样本随机对照双盲实验：把一群符合条件的患者随机分成两组，一组用药，另一组用安慰剂，在一段时间之后对比两组的差别。在这个过程里，患者和医生均不了解分组情况，这是为了排除心理因素的干扰。

但是疫苗的临床试验就不太一样了：它不能在患者身上做测试，因为疫苗的作用是保护健康人不得病。研究者也不能为了检测疫苗的效果，在给健康人接种了疫苗之后，就直接让他们接触病毒。这不符合基本的医学伦理。

开展疫苗的临床试验时惯常的做法是，在疾病正在流行的地区，选择一大批健康人，为他们接种疫苗或起安慰剂作用的假疫苗。因为病毒正在到处传播，一段时间之后，总会有一部分人暴露在病毒的攻击之下，成为被感染者。这时候研究者就可以比较两群人被病毒感染的概率差别了。可想而知，这样的测试方法动辄需要成千上万人参与——毕竟病毒再怎么流行，也只会有很小一部分人真的被感染。

2019 年年底刚刚获批的埃博拉病毒疫苗 Ervebo，因为其具有巨大的公共卫生价值，成了世界卫生组织直接挂帅指导和快速批准的一种疫苗。少有人知道的是，它从立项到上市足足用了 15 年时间，并在 2014—2016 年西非的埃博拉大流行当中，接受了 3 000 多个被试的检验，证明其足够安全，同时也能为人们提供针对埃博拉病毒的保护，才最终获批上市。

在可预见的未来，新技术的应用肯定能缩短从疫苗研发到广泛推广的周期。但我们同样需要铭记在心的，是疫苗研发过程中的科学规律，不能因为迫切的需求而干扰疫苗研发的正常节奏。

因为过于心急，人类确实吃过大亏。1955 年，美国研发和生产的第一批脊髓灰质炎疫苗就因为灭活做得不够彻底，导致很多儿童接种了活的脊髓灰质炎病毒。在大规模推广后，约有 4 万名儿童患上了小儿麻痹症，超过 200 人终身瘫痪，10 人不幸死亡。

章后小结

- 对于由病毒导致的传染病来说，因为缺乏像抗生素这样的针对细菌性病原体的特效药，疫苗就成了主动对抗疾病传播的最佳手段。
- 疫苗其实就是一种被人工改造过的、失去了严重致病性的病毒，它可以使人体形成免疫记忆，让人体对真病毒的入侵做好准备，有效阻断病毒在人和人之间的传播。
- 疫苗的研发有着不同的技术路径，新技术的应用可能会显著缩短疫苗的研发和生产周期。与此同时，我们也需要记住，疫苗研发需要遵循科学规律，不能绕过研究和人体临床试验等环节。

EVERYTHI
YOU SHOU
ABOUT VI

NG
ULD KNOW
RUSES

第 6 章

药物：

对付病毒的“抗生素”在哪里

隔离和疫苗是人类对抗病毒最有力的武器。

隔离和疫苗只能防患于未然，而对那些不幸被病毒“击中”的患者而言，他们一定不能缺少现代医学的帮助，这其中包括使用各种各样的药物。

看了上面这两句话，你有何感想？

防治病毒感染，药物治疗远没有隔离或疫苗接种重要

没错，我其实是在刻意强调一件事：当下，在防治病毒性传染病的系统工程里，药物治疗其实是其中一个不太重要的角色，远不能与隔离和疫苗接种相提并论。

这么说可能有点违反你的直觉。

在很多人的观念里，“有病就要吃药，吃了药才能好”

是天经地义的事情。还有很多人会觉得，一种病如果没有对应的药，那就很麻烦；有了药，就不再是个大问题了。在新型冠状病毒肺炎疫情中，我们也总能感受到类似的情绪，看到在类似情绪的驱动下，新闻中层出不穷的“特效药”字眼。

但是我必须严肃地说一句：针对肆虐人类世界的各种病毒，人类至今都没有发明出多少特效药。这次新型冠状病毒肺炎疫情，对特效药可能我们也不应该抱太大的希望。

为什么病毒这么难对付

与其说人类治疗病毒感染时没有什么特效药，倒不如说人类对大多数疾病都没有什么特效药。对于大多数常见病、慢性病，目前的药物最多能做到有效地改善症状、防止疾病恶化，远远谈不上治愈。降糖药、降压药、抗癌药，甚至咳嗽药和感冒药，本质上都属于这一类。

迄今为止，人类能拍着胸口说找到了治疗某类疾病的特效药的情况，有且仅有一次，那就是人类在 20 世纪 20 年代发现，并在 20 世纪 40 年代大规模应用了抗生素。这类药物确实是对付细菌感染的利器，很多曾让人类束手无策的疾病，包括产褥热、肺炎、痢疾等，都能够被有效地治疗。

真正的问题其实是，为什么人类对别的疾病都“搞不定”，却恰好能“搞定”细菌？

答案很简单。需要指出的是，在这有且仅有一次的胜利当中，功劳也不属于人类。

从人类最早发现青霉素和链霉素至今，大部分抗生素都不是人类发明的，而是真菌和放线菌这类地球生物历经亿万年的进化形成的，目的是帮助它们抵御细菌的入侵。到现在，人类已经能够通过化学修饰提高抗生素的杀菌效果，提高抗生素的生产效率，甚至能够模仿和学习真菌和放线菌，发明全新的抗生素。但是说到底，人类只是自然规律的“搬运工”。

针对病毒，地球生命还没有进化出像抗生素那样药到病除的神奇工具。

从细菌到人类，地球生物主要是依靠自身的免疫系统（没错，从某种意义上说，细菌也有免疫系统）来对抗病毒入侵的。这其实就是说，在很多时候，我们很难从自然界找到比人体免疫系统更强大的对抗病毒的工具。反过来说，如果对于一种病毒，连人体免疫系统都毫无抵抗的胜算，那人类就只能“束手就擒”了。

这是不是说，一旦隔离和疫苗接种失效，我们不幸感染病毒，就只能听天由命了呢？

对抗病毒的两大方法

也并不是这样。一方面，我们仍然可以想办法支持和帮助人体免疫系统更好地发挥作用，反击病毒；另一方面，我们仍然可以深入了解病毒的生物学特征，研发出自然界前所未有的抗病毒工具。

第一，支持免疫系统的工作。

这里头的道理是很直白的。大多数时候，对于大部分病毒的小规模入侵，人体的免疫系统是具有足够的能力去识别和发起反击的。但如果病毒已经在人体细胞中大规模存在，考虑到病毒自我复制的超高效率，人体免疫系统可能会跟不上节奏。这时候，我们就需要借助一些手段帮助免疫系统工作。

这里面最常用的手段叫作“支持治疗”或“对症治疗”。

这个名词听着好像很高端，但它的含义其实很朴素。说白了，就是根据患者的症状，给身体提供必要的帮助。

比如，要是得了流感去看医生，医生肯定会和你说要“多喝水，多休息，体温超过38.5℃的时候吃退烧药”。这些其实都是支持治疗的手段。多喝水，是为了保证身体的体液平衡，增加排尿次数，排出毒素；多休息，是为了避免过度疲劳，导致免疫力降低，而且人体免疫机能的恢复也需要充足的睡眠；吃退烧药，是为了防止体温过高，对身体各个器官造成不可逆的伤害。

所有这些方法都不是为了直接消灭流感病毒、治疗疾病，而是让你好好地活着，更好地动员免疫系统来对抗病毒。一般而言，在一周之内，你的免疫系统就可以彻底清除体内的流感病毒了。

对于大多数比较轻微的病毒性传染病，医生的主要工作就是开展支持治疗。

在2019年暴发的这次新型冠状病毒肺炎疫情中，因为大部分患者症状轻微，所以支持治疗也是首选的方案。对于病情更重的一部分患者来说，用机器（氧气瓶、呼吸机和ECMO）[1]帮助他们呼吸，用输液的方式补充体液和营养，也是很有效的支持治疗方案。但不管采用哪种方

1 ECMO指的是体外膜肺氧合设备，主要用于为重症心肺功能衰竭患者提供支持，维持患者生命。

式，核心都不是直接对抗病毒，而是支持患者的身体去对抗病毒。

除了支持治疗，我们还可以直接刺激人体免疫系统，激发它承担相应的职责。

在治疗病毒感染时，人们常用的一类药物叫作“干扰素”。

干扰素并不是人类发明的，它其实是人体细胞自身产生的对抗病毒的武器。在 20 世纪中叶，科学家发现，细胞被某种病毒入侵后，反而能够阻止其他病毒继续入侵。这个有点反常识的现象帮助科学家发现了干扰素这类蛋白质。科学家意识到，宿主细胞在被病毒感染后，会产生和释放干扰素这种蛋白质来“干扰”病毒的活动——这也是干扰素这个名字的由来。尚未被入侵的细胞接收到干扰素信号之后，会启动一系列的生物学过程，阻止病毒入侵。而已经被病毒入侵的细胞在接收到干扰素信号之后，会启动自杀程序，和病毒同归于尽。此外，干扰素还能唤醒人体免疫系统，帮助其更好地识别和消灭病毒。

基于此，很多病毒针锋相对地进化出了能够逃脱或直接对抗干扰素的方法。这样一来，人体中能够发挥作用的干扰素相对来说就不够用了。这时候，注射人工制造的干扰素就能够有效地刺激人体的免疫系统，更好地对抗病毒。

在对慢性乙肝的治疗当中，注射干扰素是很常用的治疗手段。虽然人类还没能发明出可以彻底清除乙肝病毒、治愈慢性乙肝的办法，但是干扰素和其他抗病毒药物的联合使用，可以很好地将病毒的数量控制在很低的水平，让患者能够正常工作和生活。

在对 SARS 和新型冠状病毒肺炎的治疗中，也有医生尝试使用了干扰素疗法。

第二，深入了解病毒，研发抗病毒药物。

在很多时候，以上方法都能够帮助人类很好地对抗病毒。

与此同时，我们也得承认，在另外一些时候，由于病毒的攻击过于狡猾或猛烈，或者人体的免疫机能较弱，无力反抗，病毒感染就可能导致严重甚至是致命的疾病。

这个时候，我们只能求助于现代科学，运用科学规律发明前所未有的抗病毒方法。要做到这一点，我们仍然要从病毒的生物学特征入手。

前文中提过，病毒是一类特立独行的生命，它们的结构、遗传物质、生活方式与其他地球生命截然不同。这种不同恰好为人类研发对抗病毒的药物提供了切入点。

在了解具体如何操作之前，我们先回顾一下病毒传播的整个历程。简单说来，它包含进入宿主细胞→完成自我复制→离开宿主细胞这三个步骤。如果我们能够对任何一个步骤进行阻断，那么病毒就无法疯狂繁殖和传播了。

到目前为止，人类也确实研发出了分别针对这三个步骤的药物。

1. 针对“进入宿主细胞”步骤研发的药物。

在前面的章节里，我们描述了艾滋病病毒进入人体细胞的过程：病毒表面一类像图钉一样的蛋白质复合体，能够结合人体免疫细胞表面的 CD4 蛋白，从而启动入侵过程。根据这个认知，我们可以设想，如果能够设计一种药物，恰好插在病毒蛋白质和人体细胞蛋白质之间，阻止它们结合，应该就能够治疗艾滋病。2003 年上市的抗艾滋病病毒药物恩夫韦地，就是以这种设想为基础研发的。

想要研发出阻止病毒入侵的药物，我们首先需要了解病毒入侵的具体过程，特别是搞清楚到底是病毒表面的哪种蛋白质结合了宿主细胞表面的哪种蛋白质，最终导致了病毒入侵。这也是病毒学研究的重中之重。

科学家发现，2002 年出现的 SARS 冠状病毒和 2019 年出现的新型冠状病毒，都是通过一种 ACE2 蛋白入侵人体细胞的，中国科学家还搞清楚了这种蛋白质具体的三维结构，以及这种蛋白质与冠状病毒结合的过程。这些发现都有助于科学家研发出对应的药物。

2. 针对“自我复制”步骤研发的药物。

在进入宿主细胞后，病毒会利用宿主细胞现成的资源和工具，帮助自己复制遗传物质，制造各种蛋白质外壳，最终完成病毒的装配。而自我复制过程中的每个细微步骤，都可以指导相应药物的研发。

埃博拉病毒的遗传物质是 RNA，在进入人体细胞之后，病毒需要以自身为模板，制造更多的 RNA 供后代使用，而帮助完成这个过程的，是病毒自身携带的一种 RNA 聚合酶蛋白，叫作 RdRp（RNA-dependent RNA polymerase）。人体细胞里没有这种类型的蛋白质，而如果有药物能够有效地抑制聚合酶蛋白的工作，也许就可以阻止病毒的自我复制，治疗病毒感染，同时也不会对人体产生太大的影响。

美国吉利德公司研发的瑞德西韦就是这样一种药物。

但这种药物在治疗埃博拉病毒感染方面效果一般，在 2019 年公布的一项临床试验结果中，四种针对埃博拉病毒感染的药物正面“对战”，瑞德西韦的效果垫底，所以它若想以治疗埃博拉病毒感染的药物的身份上市，看起来希望渺茫。

阴差阳错的是，瑞德西韦却有可能被用来治疗新型冠状病毒肺炎，因为和埃博拉病毒类似，新型冠状病毒的自我复制也需要借助自身携带的 RdRp 蛋白。在 2020 年年初，在美国的一位新型冠状病毒肺炎患者身上，医生就尝试用瑞德西韦缓解病情，似乎取得了一些效果。这种药物到底能不能真的起作用，还需要更严格的人体临床试验来证明。截至 2020 年秋，情况看起来并不乐观。在由中国医生组织的一场严格的临床试验中，至少对于重症新型冠状病毒肺炎患者来说，瑞德西韦的疗效并不明显。未来，伴随着瑞德西韦的正式上市和大规模应用，也许我们还会看到更多正面或负面的消息。

病毒自我复制的环节很多，其中不仅涉及遗传物质的复制，还包括病毒的各种蛋白质的合成、蛋白质外壳的组装等，这也给人类研发药物提供了很多合适的机会。目前被广泛采用的艾滋病药物、乙肝药物等都属于这一类。

3. 针对“离开宿主细胞”步骤研发的药物。

这方面最典型的例子，要属针对流感病毒的药物。流感病毒离开宿主细胞的时候，需要病毒表面的神经氨酸酶蛋白来协助。具体来说，神经氨酸酶蛋白能够切断流感病毒和人体细胞膜表面最后的连接，让它们自由扩散到其他地方。因此，如果一种药物能够干扰神经氨酸酶蛋白发挥功能，就有可能阻止流感病毒的扩散，达菲[1]就是很好的例子（图 6-1）。

迄今为止，针对病毒入侵人体细胞的这些具体步骤，人类研发出了几十种药物。有些只能作用于某种特定的病毒，有些则具备一定程度的广谱性，毕竟不少病毒的感染过程都挺类似的。当然了，我在这里还是得提醒一句，即便存在有效的可能性，用针对某种病毒研发的药物来对抗另一种病毒，实验室研究、人体临床试验等该有的环节还是一个也不能少，否则很可能会给患者带来巨大的风险。

抗病毒药物的效果

那这些药物的效果如何呢？这取决于你的评判标准。

1　达菲主要成分为磷酸奥司他韦，主要用于治疗甲型流感及乙型流感。——编者注

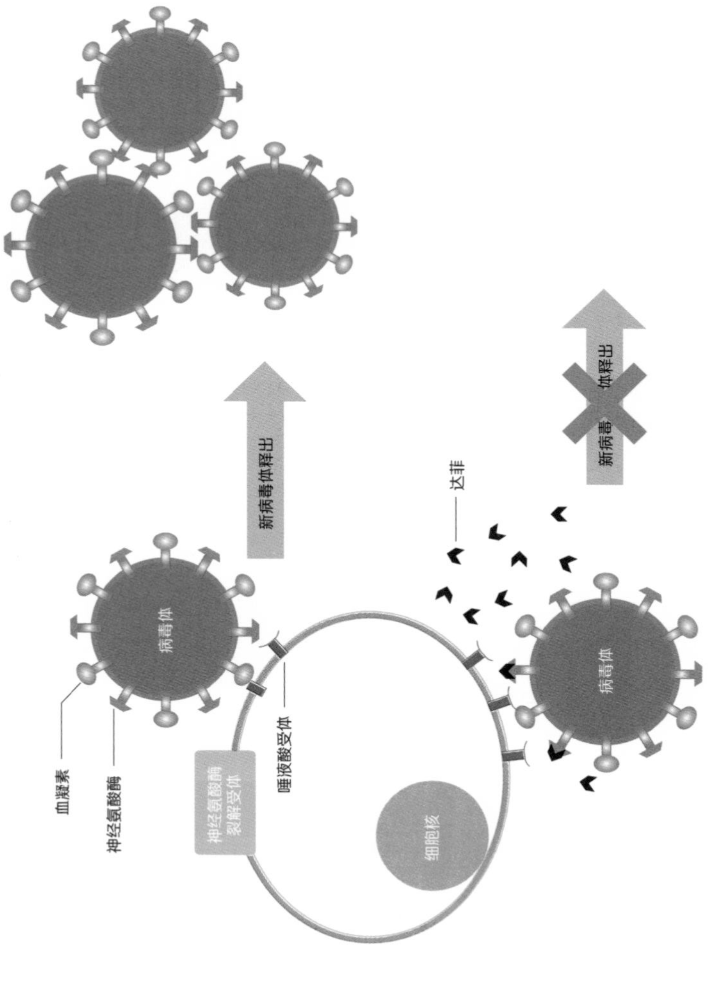

图 6-1　达菲的作用机制

图片延伸

达菲的作用机制见图 6-1，这种药物的抗病毒作用是通过阻止流感病毒离开宿主细胞开启下一轮入侵活动实现的。简单说来，在流感病毒组装完毕之后，它仍然通过病毒表面的血凝素蛋白和宿主细胞表面的唾液酸受体连接在一起，就像风筝放飞时线头牢牢掌握在人的手中。

这个时候，病毒表面的另一种蛋白质——神经氨酸酶，就会起到分子剪刀的作用，破坏血凝素和唾液酸受体的结合，释放流感病毒。而达菲这种药物能够特异地识别和结合流感病毒表面的神经氨酸酶，阻止分子剪刀释放病毒，这当然就可以减缓流感病毒扩散和自我复制的速度。

很多人会觉得达菲是治疗流感的特效药，但是实际上有不少研究都证明，达菲并不能降低流感的病死率，也不能降低流感引发肺炎等并发症的概率，它的作用只是能将流感的病程缩短一天时间。

说白了，如果你得了流感，不吃药 1 周好，吃了药 6 天好，就这么点儿差别。而且，你还必须在发病的前两天吃才能看到这个效果。当然，缩短一天病程是很有意义的事情。但是从达菲比较有限的疾病治疗效果出发，我们也可以想象，在流感疫情的整体防控工作中，这种药物的价值并不是决定性的。

如果只考虑药物本身的疗效，那它们相当值得赞许。毕竟这些药物能够实实在在地帮助患者，让他们有更大的机会更快恢复。

但如果对标抗生素的价值，我们得说，抗病毒药物距离成功还非常遥远。

绝大多数的抗病毒药物确实能部分延缓病毒的感染过程，减轻症状，但还做不到彻底消灭病毒、治愈疾病。被很多人看成流感特效药的达菲，其实只能把流感的病程缩短一天，聊胜于无而已。

抗病毒药物的研发当然非常重要，对很多人的生命和健康而言意义重大，但从防控疾病流行的角度说，至少在今天，它的价值仍然远比不上隔离和疫苗接种。为病毒性传染病找到相应的“抗生素”，科学家仍然任重而道远。在治疗新型冠状病毒肺炎的过程中，我们也不应该对特效药的发明抱有不切实际的期待。

但这条路是值得坚持走下去的。我们对病毒了解得越多，研发的药物越多，就越有机会实现对病毒的全面围剿。

这方面的一个典型案例是艾滋病的治疗。尽管艾滋病至今仍然无法治愈，但在鸡尾酒疗法，也就是长期服用几种艾滋病药物的帮助下，艾滋病患者可以长期和疾病共存，甚至连寿命都和健康人相差不大。2017 年进行的一项大规模调查显示，欧美地区艾滋病患者的预期寿命可以达到 73 岁（男性）和 76 岁（女性），而美国非艾滋病患者的预期寿命也就 77 岁（男性）和 81 岁（女性）。

更值得一提的是，虽然对于绝大多数病毒感染来说，人类研发的药物还远不能像抗生素对细菌一样取得较全面的胜利，但是在少数战场上，我们也看到了一些曙光。对于丙肝病毒感染来说，人类研发出的抑制丙肝病毒自我复制的几种药物，包括索非布韦、达卡他韦等，已经能够彻底治愈绝大多数的丙肝患者了。这可能是人类历史上对抗病毒感染所取得的为数不多的几次压倒性胜利之一。

我们期待，这样的胜利能够越来越多。

章后小结

- 在隔离和疫苗接种失效的时候，医疗手段是我们防治病毒性传染病的最后防线。
- 对于很多病毒感染而言，传统的支持疗法和刺激人体免疫系统的方法，能够帮助我们激发自身的防御机能，对抗病毒。与此同时，针对病毒感染的整个生物学过程，人类也在研发各种药物进行逐一击破。
- 在艾滋病、乙肝、丙肝、流感等病毒性传染病领域，药物研发取得了不少成就，但是我们距离发现病毒的“抗生素”还很遥远。人类一直在期待真正找到病毒克星的一天。

EVERYTHI
YOU SHOU
ABOUT VI

NG

LD KNOW

RUSES

第 7 章

溯源：

病毒到底从何而来

在前文中，我们分别讨论了病毒的生物学特征和人类防控病毒的主要策略。从实用主义的角度来说，这些信息应该足以帮助你理解发生在人类世界的病毒性传染病是怎么回事，以及该如何看待它们、应对它们了。

但我并不想就此停住，不想给你留下这么一个印象：病毒是人类世界的敌人，我们对待它们的合理行动就是远离和消灭。

除了直接关系到人类个体的健康和生命，病毒这类生物还和整个人类文明史、地球生命史有着深刻的联系，甚至还将成为人类未来发展的重要决定因素。

所以在后面的内容中，我们要把讨论的视角升级，看看病毒这种生命究竟从何而来，它和地球生物有什么样的隐秘关联，以及病毒的未来将会如何。

我们先来讨论一个问题：病毒这种生命到底从何而来？

这是一个非常大的问题，作为地球上分布最广泛、种类最多的一类生命，病毒可以说无处不在。不管是几千米深的矿井，还是空气稀薄的高空，又或是森林、沙漠、高山和海洋，到处都有病毒的踪迹。我们可以确定地说，只要找到任何一种细胞生命，它的身边和体内就一定有病毒存在。

这些病毒有着五花八门的特性，大小不同，形状不同，自我复制的过程不同，宿主选择性不同。它们本身就构成了一个庞大而隐秘的生物世界。

为了让讨论更有成效，我试着把“病毒从何而来”这个问题拆解成三个层次，分别来进行说明。

第一层次：新出现的病毒的起源

我们熟悉的某种病毒具体是从何而来？

这个问题回答起来相对容易一些。如果一种新的病毒出现在人类世界，而我们对它的生物学特征非常了解，那么是有可能搞清楚它到底从何而来、为何会变成现在这个样子的。

一个非常有代表性的例子，是 2002 年开始流行的 SARS 冠状病毒。在那段时间里，这种病毒突然出现在中国南方，并且很快传播到了 20 多个国家和地区，导致近万人感染，近千人死亡。在中国，SARS 冠状病毒的流行还成了一代人的集体记忆。

在经过一段时间的慌乱和犹疑之后，科学家最终确定了这种病毒的生物学特征。

这种病毒的直径为 120 纳米左右，在病毒世界算得上一个大块头。它由经典的三层结构组成——最外面是球型细胞膜，中间是有着 20 面体结构的蛋白质外壳，最里面是遗传物质 RNA。它的外层膜上插着许多根长长的蛋白质尖刺，看起来就像一个小型海胆。这些尖刺的作用就是帮助冠状病毒寻找宿主细胞。

科学家判断，这种病毒前所未见，是闯进人类世界的一种全新的病毒。

那么它从何而来呢？

目前科学界的主流认知是，SARS 冠状病毒的天然宿主是在野外生活的蝙蝠，而中间宿主是被人类养殖、贩卖的果子狸。在长达几年甚至是几十年的时间里，这种病毒经历了持续的基因变异，具备了跨物种传播的能力，从蝙蝠传播到果子狸，再传播到人类世界。

这些具体的结论其实并没有那么重要，毕竟每种病毒都会有不同的起源和传播路线。最重要的是，我们如何得到了这些结论。

首先，导致人发病的 SARS 冠状病毒是从哪里来的呢？

在 2004 年前后，科学家在暴发地附近的餐馆里找到了携带冠状病毒的果子狸。这些果子狸体内的冠状病毒和 SARS 冠状病毒极其接近，基因组序列的相似度高达 99.8%，几乎可以和两个人类个体之间的相似性相提并论。同时，科学家也证明，果子狸体内的病毒只需要非常少的基因变异，就能够高效率地感染人类。也就是说，它们几乎具备了跨越物种屏障传播的能力。

而在有关部门重拳打击果子狸养殖产业链之后，SARS 冠状病毒从此销声匿迹。这也反过来证明了，果子狸应该就是人类 SARS 冠状病毒的传播来源。

其次，果子狸体内的冠状病毒又是从何而来的呢？

科学家发现，大部分果子狸体内并没有这种病毒，这说明此种冠状病毒与果子狸的共生不是自古以来就有的。

这个时候，蝙蝠进入了科学家的视野。2013 年，中国科学家在云南的野生蝙蝠体内找到了一种病毒，这种病毒和 SARS 冠状病毒的基因组序列相似程度高达 96%，就连入侵细胞和自我复制的生物学特征也非常相似。根据这些信息，蝙蝠→果子狸→人类这个 SARS 冠状病毒的跨物种传播链条就绘制完成了。

利用这样的思路，我们可以对人类世界中很多新出现的病毒寻根溯源。

针对 2019 年出现的新型冠状病毒，科学家也在做类似的工作，希望能尽快搞清楚这种新病毒的起源和传播链条。根据目前的研究来看，蝙蝠仍然是比较可能的天然来源。得出这一猜测一方面是基于 SARS 冠状病毒研究的历史经验——蝙蝠这种生物体内确实寄生了各种奇奇怪怪的病毒；另一方面，科学家也确实在蝙蝠体内发现了和这次的新型冠状病毒相似度很高的病毒。

对于艾滋病病毒、埃博拉病毒这些进入人类世界时间不算特别长的病毒，科学家也有可能基于类似的思路找到它们的天然源头。

以艾滋病病毒为例，科学家在非洲丛林里的黑猩猩身上找到了与之非常接近的病毒，而且也了解到当地居民确实有猎捕、食用黑猩猩的传统。这样一来，一个比较有说服力的解释就出现了：当地居民在食用未被充分烹饪的黑猩猩肉，或者在捕猎黑猩猩时不慎受伤，黑猩猩体内的病毒进入人体，开始传播和流行。

总而言之，对于新进入人类世界的病毒，我们可以通过研究它们的生物学特征，特别是基因组序列信息，探寻病毒传播的源头，搞清楚它们从何而来、如何进入人类世界。

第二层次：人类世界的病毒的起源

人类世界里存在这么多的病毒，它们都是从何而来的？

你可能注意到了，对于前文中讨论的方法，我专门强调了它只能用来研究新进入人类世界的病毒。因为如果一种病毒在人类世界已经传播了很长时间，那么它自然会在持续传播的过程中产生大量适应于人类世界传播的基因变异，变得面目全非。到这个时候，我们就很难搞清楚它们的源头了。

但是从前文的讨论中，我相信你肯定也得到了一个印象——从 SARS 冠状病毒到新型冠状病毒，从艾滋病病毒到埃博拉病毒，它们的源头都是某种动物。

科学界的主流看法是：人类世界里流行的各种病毒，不管能不能找到清晰的源头，可能都来自我们身边的各种动物。

之所以得出这个假设，部分原因在于科学证据的积累。

即便是那些已经长期流传，没法真正寻根溯源的病毒，比如天花病毒（其感染案例如图 7-1）、流感病毒、麻疹病毒等，科学家也在动物当中找到了它们的远亲，也能大概猜测它们的起源。天花病毒可能是在几万年前由老鼠这样的啮齿类动物传播给人类的；流感病毒的源头可能更加多样，主要源头可能是像野鸭这样的野生水鸟。而鸭、鹅、猪、马、猫、狗等被人类驯化的动物，甚至是海豹，都有可能成为流感病毒的中间宿主。

对人类自身历史的研究也可以帮助我们去探索人类世界的病毒的起源。

历史学家早就注意到了一个现象，那就是这些病毒性传染病的流行，和约一万年前人类历史上发生的一个重大事件有很大的关联——人类祖先进入了农业社会。

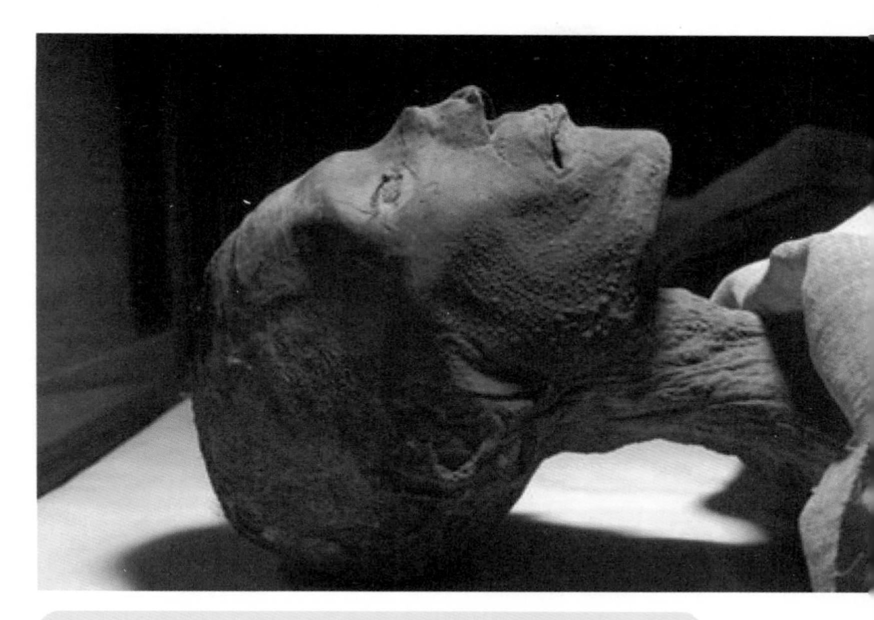

图 7-1　古埃及法老拉美西斯五世的木乃伊

图片延伸

拉美西斯五世是古埃及新王国时期的第二十王朝内第四任法老，在位时间距今约有 3 000 年。他的木乃伊于 1898 年被发现，木乃伊头部（特别是脸部）有着类似疱疹的痕迹。根据这些痕迹，人们推测这位法老很可能在生前感染了天花病毒，并不幸因此失去了生命。如果推测属实，这位法老就是人类目前发现的最古老的天花病毒感染者。

作为一种只在人类世界传播的病毒，天花病毒的来源至今仍有大量模糊不清之处。根据现代分子生物学研究，天花病毒可能最早于68 000年至16 000年前就进入了人类世界。当然，如此大的推测时间跨度本身就说明了证据的匮乏。

在进入人类世界之后，天花病毒并没有停止变异和分化。根据2016年的一项研究，科学家推测，近代流行的天花病毒毒株可能是16世纪才进化出来的。如果这个结论正确，那么困扰康熙皇帝的天花病毒和杀死拉美西斯五世的天花病毒，就不是同一种病毒。

首先，人类驯化了大量的家禽家畜，和它们近距离朝夕相处，给病毒跨越物种屏障进入人类世界提供了入口。其次，农作物的驯化为人类提供了丰富而稳定的食物来源，人口规模扩大，形成了高密度的人群聚居区，这给病毒在人和人之间传播、进化和流行提供了天然的温床。

在这两个因素的共同作用下，那些率先进入农业社会的人类祖先（主要生活在欧亚大陆），承受了病毒的第一波大规模入侵。

这些病毒的传播在很大程度上改写了人类历史。在之后的章节里，我们会仔细讨论病毒和人类历史的关系。

第三层次：病毒生命的起源

第三个层次的问题是，病毒这类生命是如何进化而来的？

从前文中我们知道了，人类世界的大部分病毒都来自我们身边的动物。对于其中少数出现时间不长、能够寻根溯源的病毒，我们还能找到它们完整的传播和进化链条。

而在病毒生命如何进化而来这一更深刻的问题上，我们仍没有找到令人信服的回答。

到现在，达尔文的进化论已经得到了科学上无可辩驳的证明。我们相信，地球上现存的所有生物，包括人类在内，都是由远古时代的某些祖先进化而来的。对于今天地球上两种相似但是彼此独立的生物，比如人类和黑猩猩，我们也能通过研究化石和基因组序列，猜测出它们的共同祖先生活在什么时候、大概长什么样子。

利用类似的方法，我们还有理由假设，地球上现存的所有生物，从动物到植物，从细菌到真菌，都能追溯到 40 多亿年前的某个最后的共同祖先。这个祖先大概是一种单细胞生物，生活在海底深处的热泉喷口附近，以 RNA 作为遗传物质，靠细胞分裂繁殖后代，最终历经 40 亿年的沧海桑田，造就了今天生机勃勃的地球生物圈。

这套分析方法只能用于分析细胞形态的生命，没有办法把病毒囊括在内。我们根本无法将作为规则破坏者的病毒和它们放在一起分析。

在这里我们先简单讨论一下两种听起来还算有点道理的假说，然后看看它们还有哪些无法解决的问题。

第一个假说是，病毒是由细胞形态的生命退化形成的。

具体来说，可能是某些细胞生命进化出了寄生在别的细胞内的能力，随后，它们渐渐放弃了自己的很多生物学功能，最终形成了病毒这种完美的寄生生命。

但这个假说面临一个很大的麻烦。

我们假设病毒来自细胞，那病毒至少可以算是细胞的后代吧？既然如此，按理说病毒应该在某些方面和它的细胞祖先相似才对。但到目前为止，人类发现的所有病毒，没有任何一种在任何方面长得像细胞，它们完全就是一个规则破坏者的模样。

第二个假说则反其道而行之，认为病毒可能是先出现的生命形态，然后才进化出了细胞生命。与细胞生命相比，病毒的结构和功能都要简单得多，有更大的概率在自然界率先出现。

这个说法得到了一些间接证据的支持，但也同样会遇到一个让人挠头的问题。作为完美寄生者，病毒自身没有办法执行任何生物学功能，没有办法繁殖后代。如果病毒是最先出现的，那这些病毒靠什么为生？又是怎么进化成更复杂的生命的呢？

病毒的最初起源至今仍是一个无解的科学问题。特别是考虑到在病毒世界内部，不同病毒的形态也有着天壤之别，所以有很多科学家认为，病毒很可能有多个不同的起源。

而想要真正理解地球生命的起源，搞清楚人类到底从何而来，又要到哪里去，寻找病毒的源头是一个必须攻克的难题。

章后小结

- 对于新进入人类世界的病毒来说，通过先进的技术手段，特别是基因组序列分析，我们就有可能还原它们完整的传播链条。
- 在人类世界传播的大多数病毒，都来自我们身边的动物。进入农业社会之后，人类驯化的动物和密集的居住环境，为这些病毒的进化和传播提供了机会。
- 病毒构成了一个庞大而隐秘的生命世界，它的起源关系到整个地球生命的发展脉络，但我们对此仍然知之甚少。

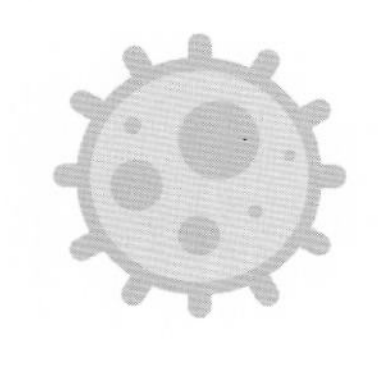

EVERYTHI
YOU SHOU
ABOUT VI

NG
LD KNOW
RUSES

第 8 章

历史：

病毒和人类的恩怨纠缠

在漫长的历史中，病毒不仅影响了整个地球生命进化的历程，也深刻影响了今天的人类世界。

病毒影响了人类物种的形成

今天地球上生活的所有人，都属于同一个物种——智人，拉丁文称 Homo sapiens。主流学术观点认为，作为一个生物学意义上的物种，人类诞生于距今 30 万 ~20 万年前的非洲大陆。一直到今天，非洲大陆拥有的人类遗传基因的多样性，远远超过地球其他区域，是公认的人类的摇篮。

全体人类的祖先，最初都生活在非洲大陆上。在距今 8 万 ~5 万年前，一部分人类祖先离开非洲，踏上了欧洲、亚洲、北美洲和南美洲的大陆以及大洋上的岛屿，最终形成了今天丰富多彩的人类世界。

在人类形成和发展的过程中，我们一般会认为，人类的很多“优良性状”，比如更大的脑容量、语言能力、组织社群的能力，甚至是自我意识，是让其在残酷的自然选择中脱颖而出，成为地球上唯一的智慧生命的关键。

确实，人类当然可以也应该为自己的这些独特属性感到骄傲。但是我们也同样需要知道，人类的这些独特属性，很有可能是不起眼的病毒带给我们的。

人类的基因组由大约 30 亿个 DNA 碱基对首尾相连构成。在人体细胞中，基因组负责指导生产 2 万多种具有不同功能的蛋白质，维持细胞的生存和活动，构造出复杂精致的人体。当我们赞叹人类生命的精妙和伟大时，其实是在赞叹某些特殊的蛋白质造就了这些精妙和伟大。

但一个惊人的事实是，人类基因组 DNA 里用来直接指导蛋白质生产的部分只占到全部序列长度的 2%。那剩下的 98% 是什么呢？

这里头的情况就复杂了，我在这里想要特别强调的是，其中有大约 8% 的部分来自病毒，更具体地说是来自一类逆转录病毒。

什么叫逆转录病毒呢？举个例子来说明，艾滋病病毒就是一种逆转录病毒，它携带的遗传物质是 RNA。在进入宿主细胞之后，艾滋病病毒会启动一个复杂的生物学程序，将 RNA 变成 DNA，这个过程就叫作逆转录。然后，它们会再把自己的 DNA 插入宿主细胞的基因组当中。

这个过程帮助艾滋病病毒彻底定居在了人体细胞当中。宿主细胞会把这段外来的 DNA 视为己出，忠实地执行这段DNA 的指令，生产艾滋病病毒所需的各种蛋白质，最终组装出更多的艾滋病病毒。

21 世纪初，在完成人类基因组的完整测序之后，科学家立刻意识到，人类基因组上有大量的 DNA 片段和典型的逆转录病毒的插入片段非常类似（图 8-1）。其中很多是人类所特有的，总数接近 10 万个。

可以让我们稍微松口气的是，这些逆转录病毒的片段全部都被破坏了，没有能力再生产更多的病毒。科学家估计，这些病毒片段形成于漫长的人类进化历史。人类祖先曾经无数次被逆转录病毒感染。在大多数时候，这些感染发生在人体细胞中，伴随着这些祖先的死亡，病毒也就烟消云散了（想想艾滋病病毒的感染）。但在某些时候，逆转录病毒可能恰好同时感染了人类祖先的生殖细胞，因此得以将自己的遗传物质插入精子或者卵子的基因组当中，伴随人类的生殖过程繁衍至今。

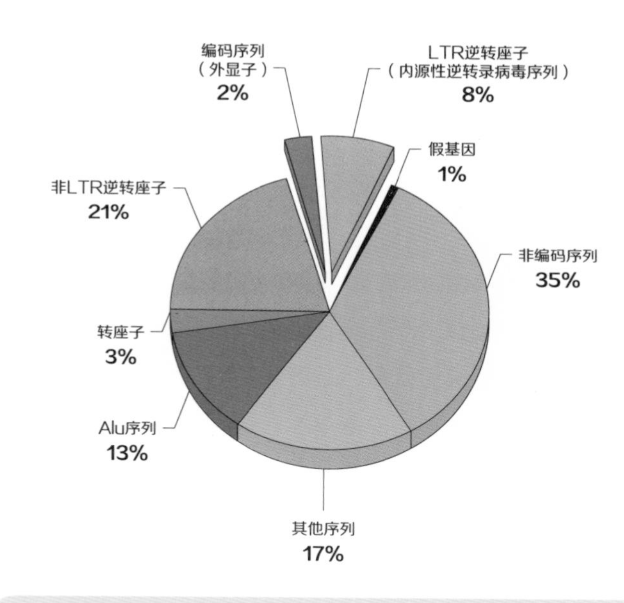

图 8-1　人类基因组 DNA 的序列构成

图片延伸

人类基因组由大约 30 亿个碱基对构成，其中直接负责生产蛋白质的序列，也就是所谓的编码序列只占全部序列长度的 2% 左右。其他 98% 的 DNA 序列不直接参与蛋白质生产，因此被人们称为人类基因组中的“暗物质”，其功能和重要性长期以来都面目模糊。但是近年来，特别是在“人类基因组计划”完成之后，基因组“暗物质”的价值逐渐显现了出来。人们发现，许多不直接参与蛋白质生产的序列，与蛋白质的生产、人体细胞的命运、人类的健康和疾病都密切相关。

与关注的焦点直接相关的是，人类基因组序列中高达 8% 的部分是所谓的“内源性逆转录病毒序列”，也就是逆转录病毒入侵人类祖先留下的痕迹。

这些病毒的遗留印记本身就已经说明，人类基因组的形成和进化，受到了病毒的长期影响。你很容易想到，有些逆转录病毒的插入会直接破坏人类基因组里原本完整的基因，有些插入则可能会改变原有基因的功能，还有些插入甚至可能会创造出全新的基因，等等。

而这些基因层面的改变，影响了人之所以为人的根本组成，其中包括人体胚胎的发育、免疫系统的正常工作，甚至还包括人类大脑的发育。

2017 年的一项研究发现，在大脑发育过程中，人类基因组中数以千计的逆转录病毒序列起到了基因开关的作用。它们恰好位于和大脑发育密切相关的基因附近，而这些病毒序列又能够吸引一种名叫 TRIM28 的蛋白质前来与之结合。TRIM28 蛋白的结合能够一次性地打开或者关闭所有这些和大脑发育相关的基因，从而影响大脑的正常发育。

整个哺乳动物大类的形成，都和病毒有关。

对于哺乳动物来说，胎盘是一个至关重要的身体器官，能够在胎儿和母亲之间形成一个高效交换氧气和营养物质的物理屏障。而胎盘的形成，离不开一类蛋白质——合胞素（syncytin）的刺激。

2000 年，科学家发现，合胞素基因正是某个逆转录病毒基因序列进化的产物。

换句话说，没有数千万年前的某次逆转录病毒入侵，可能就不会有合胞素基因，也就可能不会有整个哺乳动物家族，更不会有今天的人类。

病毒影响了当今世界的格局

在过去的几百年里，人们在看待世界历史和时下格局的时候，经常会带有一种默认的欧洲中心论观念。看起来，正是欧洲探险家开启的地理大发现塑造了今天的世界版图，而且欧洲殖民者也确实成功地将他们的语言、文化、科学，甚至是政治制度推广到了世界各地。

这种欧洲中心论思想，遭到了不少人文科学和社会科学领域的学者的批判。这里我想要强调的是，欧洲中心论在生物学上根本站不住脚。欧洲人在过去数百年取得的成就，在很大程度上和他们的文化、制度和科学技术无关，而可能仅仅与他们体内的病毒有关。

自农业时代以来，人类祖先大规模驯化家畜和家禽，为病毒的跨物种传播提供了便利条件。天花、流感、麻疹等病毒性传染病，以及肺结核、霍乱等细菌传染病，都是这样进入人类世界的。

但驯化动物，为自己提供食物、能量和资源，可不是哪里的人类居民都可以做到的。著名学者贾雷德·戴蒙德（Jared Diamond）[1]就在他的名著《枪炮、病菌与钢铁》中提出，绝大多数可以被驯化的动物都生活在亚欧大陆，而北美洲、南美洲和大洋洲的土地上则没有什么动物能被驯化。

这样一来，文明层面的不公平现象就出现了：亚欧大陆的居民天然就有开启农业文明的优越条件，而北美洲、南美洲和大洋洲大陆的原住民就算再聪明勤奋，也找不到能够驯化的动物资源。

这种文明层面的不公平，也带来了病毒层面的不公平：亚欧大陆的居民从一万年前就开始饱受病毒入侵的折

1　著名生物学家，非虚构类作家，当代少数几位探究人类社会与文明的思想家之一，其经典之作《性的进化》中文简体字版已由湛庐文化策划，由天津科学技术出版社出版。——编者注

磨，也因此形成了一定程度的对病毒的免疫力。而受限于北美洲和大洋洲的自然资源，当地土著居民并没有大规模驯化诸如牛、羊、猪、鸡这样的动物，因此，他们对于来自动物的病毒缺乏抵抗力。

哥伦布发现新大陆之后，在短短一两百年的时间内，北美洲的印第安人数量减少了 95%。这里面当然有欧洲殖民者有意识地驱赶和屠杀的原因，但起到毁灭性作用的则是天花病毒的传播。面对这种前所未见的病毒，当地居民只能束手待毙。

在南美洲，类似的场景也在上演。区区 100 多个西班牙殖民者就成功毁灭了辉煌的印加帝国，其中人类的诡计和天花病毒的传播，产生了同等恶劣的效果。

在大洋洲大陆，天花、流感和麻疹的反复暴发，也几乎消灭了那里的原住民。

就这样，在病毒的“帮助”下，欧洲殖民者轻松占领了这些广袤丰饶的土地，获得了“统治”整个世界的霸权。在历史大河转向的关键时刻，在广受关注的历史、文化、科学和政治因素之外，微小的病毒也在偷偷撬动杠杆。

类似的例子还有 1918 年的“西班牙大流感”。那次流感其实是从美国堪萨斯州的一个军营率先出现的（图8-2），在之后的两年里肆虐全球，杀死了5 000万~1亿人，这可能占到当时世界全部人口总量的5%。

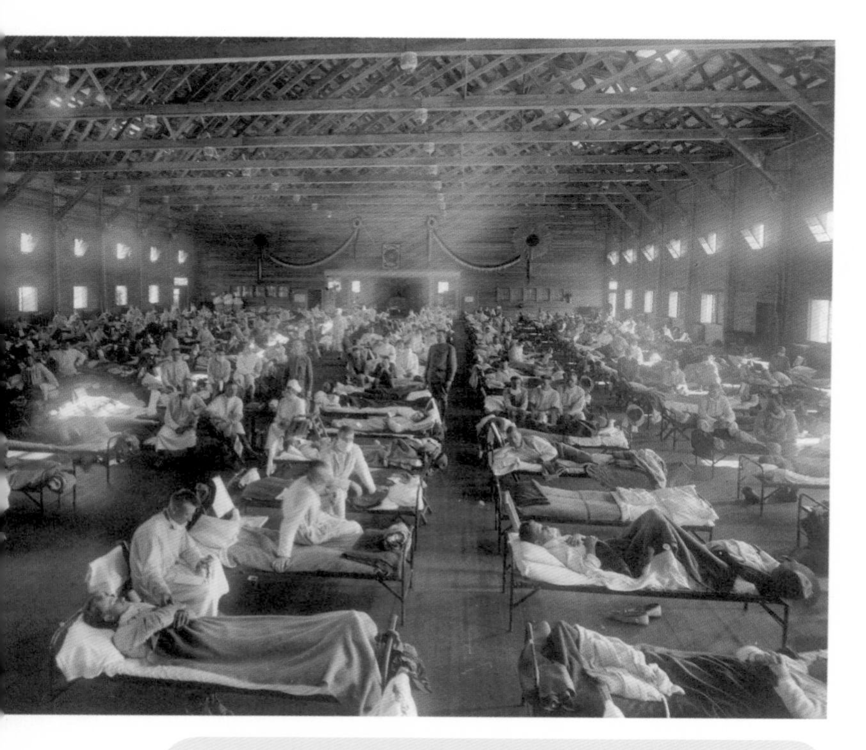

图8-2 “西班牙大流感”流行期间美国堪萨斯州一座军营内建立的“方舱医院”

图片延伸

“西班牙大流感”是人类历史上迄今最严重的一次流感大流行，全球约有 5 亿人感染，死亡人数高达 5 000 万 ~1 亿人。这场流感很可能发源于北美洲大陆，特别是美国堪萨斯州的军营当中，随后扩散至整个北美洲大陆乃至全世界。这场流感大流行几乎没有放过地球上任何有人类聚居的角落。

由此可以看出，“西班牙大流感”的名字并不准确，它源自一场历史的误会。流感病毒流行时恰逢第一次世界大战战火正酣。主要的参战国，包括德国、英国、法国、美国等，严格限制了对疾病流行情况的媒体报道，以免影响军队的士气。而作为中立国的西班牙则可以相对自由地报道疾病流行的情况，因此给人们造成了“西班牙疫情最严重”的错误印象，“西班牙大流感”因此得名。

“西班牙大流感”留下了许多至今难解的谜团。当时流行的 H1N1 流感病毒毒株致死率极高，有些地方甚至达到了惊人的 20%（相比之下，季节性流感的致死率只有 0.2%~0.3%），而且往往越是年轻体壮者，死亡率越高。关于这个反常现象，人们给出了不少可能的解释。其中一个解释是，当时的老年人在 19 世纪 30 年代可能已经感染过类似的病毒毒株，因此形成了一定的免疫力，而年轻人则没有这么幸运。还有一个解释是，第一次世界大战的战火恰恰为筛选出毒性更强的毒株提供了场合。在战场上，只有病情严重的战士才会被送往后方的战地医院，而拥挤的运兵车和战地医院间接促进了毒性更强的病毒毒株快速扩散传播。

“西班牙大流感”的流行深刻改变了人类社会，特别是改变了精英阶层中普遍存在的社会达尔文主义倾向。既然病魔的侵袭不分男女老幼，而有些时候越是看起来年轻力壮的人越是容易遭殃，那么“优胜劣汰，各自为自己的健康负责”的思路显然不适合用来应对传染病的威胁。自此之后，公共卫生的概念开始出现，“政府应该对公众的健康负责”的观念也开始慢慢被人们承认和接受。

这场大流感正好暴发于第一次世界大战的高潮时期，因此伴随着世界各国的运兵船和商船快速扩散。这场流感推动了第一次世界大战的结束。因为随着士兵们纷纷倒下，欧洲各国都无心恋战。第一次世界大战结束之后，欧洲大陆的顶顶王冠落地，一条条国境线被重新改划，对世界格局的影响一直持续至今。

读到这里，你可能会问，2019 年这次新型冠状病毒肺炎疫情的暴发，会不会同样深刻地改变世界格局？比如，它会在多大程度上破坏经济发展，甚至导致经济危机？它会不会成为某些民粹主义政客的助攻，助推反移民、反开放的思潮，阻断全球化的进程？我想，这些还需要我们谨慎观察。

病毒改变了人类的生活习惯和生活方式

病毒的传播还在很大程度上影响了当今人类的生活习惯和生活方式，甚至是组织形式和价值观。

在生活习惯和生活方式这方面，你肯定能理解。

在中国，1988 年上海的甲肝病毒流行，让人们习惯了饭前便后洗手、餐具清洁和消毒；2003 年的 SARS 冠状病毒流行，让很多人习惯了戴口罩出门，咳嗽和打喷嚏时遮掩口鼻。

在美国，20 世纪 80 年代艾滋病的流行，让兴起于 60 年代末的以性自由和吸毒为标志的嬉皮士运动销声匿迹，美国重新出现了性保守运动。每年的季节性流感期间，很多城市会取消大规模的人群集会，学校、幼儿园可能会停课，电影院和商场也可能变得门可罗雀。2019 年暴发的这次新型冠状病毒肺炎疫情，也有可能在很长一段时间里，影响世界各国居民的生活习惯和生活方式，比如在线教育、无接触购物等新的商业形态，会获得长足的发展。

更值得一提的，是病毒的传播对人类组织形式和价值观的影响。

在今天的人类世界，一个人生病了能得到及时且支付得起的医疗救助，已经被广泛认为是一种基本人权，我们会觉得天经地义。世界各主要国家也都在量力而行地建立全民医保制度。

但实际情况是，受达尔文进化论的影响，一直到 20 世纪初，很多西方的社会精英都信奉粗暴的社会达尔文主义，认为体弱的人被淘汰是天经地义的事情，根本不值得同情和救助。

1918 年那次席卷全球的大流感之后，人们开始意识到，在传染病面前，不分国家、宗教、年龄和体质，没有人能完全置身事外。甚至当时的大流感还有个奇怪的特性，好像越是年轻体壮的人越容易感染。因此，世界各国的精英开始反思曾经的优胜劣汰思想，政府开始投入资源建设公共卫生系统，争取为公民提供更多的基础医疗服务。传染病的上报系统，以及医疗保险的概念，也都是在那个时候开始出现的。

国家和社会组织开始以不同程度参与原本被视为应由个人负责的领域，比如个人的健康状况、生活习惯、疾病治疗等。可以说，病毒性传染病让人类第一次意识到了自身的脆弱和社会组织的重要性。病毒这个凶险的对手，让人类真正团结了起来。

但从某种程度上说来，这种介入也鼓励了国家权力对个人自由的干涉——毕竟想要推动公共卫生建设，国家总需要对公民个人的健康情况有所了解和管控。

干涉和自由，团结和反抗，也因此成为人类公共健康生活中一条若明若暗、绵延至今的分析线索。

章后小结

- 在人类的整个历史中，不起眼的病毒扮演着至关重要的角色。
- 病毒曾经长期、反复入侵了人类的遗传物质，并且留下了数以万计的永恒印记。人类基因组上的这些病毒序列影响了人类的进化轨迹，塑造了生物学意义上的人类物种。
- 在人类文明史上，人类从朝夕相伴的动物那里接触、感染了大量病毒。这些病毒造成了直接的疾病和破坏，也帮助塑造了大航海时代以来的世界政治格局。
- 病毒的传播还在很大程度上影响了当今人们的生活习惯和生活方式，甚至还包括价值观。

EVERYTH
YOU SHOU
ABOUT VI

第 9 章

未来：人类会彻底消灭病毒吗

在本书的最后一章，我们聊聊未来。我们来一起看看，在未来世界里，病毒和人类的关系会发生什么样的变化。

我猜你脑海里想到的第一个问题是：我们有办法彻底消灭人类世界中这些危险的病毒吗？

这可能是所有人都非常关注的一个问题。要知道，即便只是 21 世纪的前 20 年，病毒流行也已经造成了数千万人死亡。更重要的是，在消灭危险病毒这件事上，人类是有成功的先例的。

1977 年，索马里梅尔卡市出现了人类历史上最后一位天花患者。两年后的 1979 年 10 月 25 日，世界卫生组织宣布，人类彻底消灭了天花（图 9-1）。

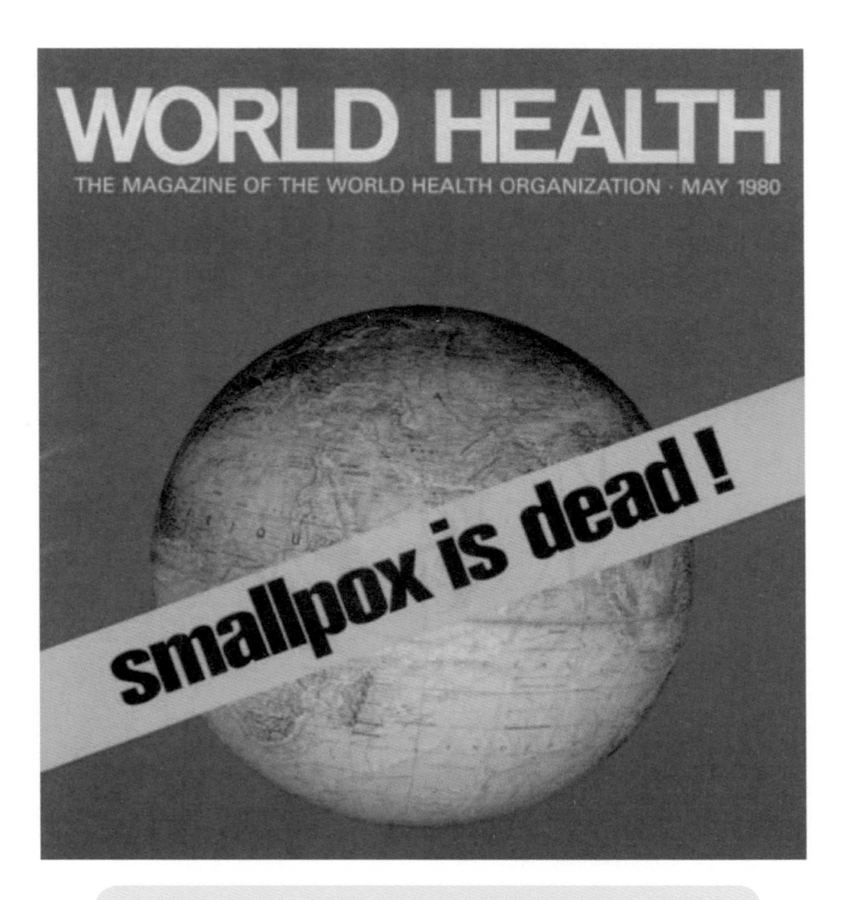

图 9-1　世界卫生组织宣布人类彻底消灭天花

图片延伸

1977 年，索马里的一位牧民——阿里·毛·马林（Ali Maow MaaLin）不幸感染了天花病毒，幸运的是，他于 1977 年年底痊愈。截至 1979 年 10 月 25 日，在马林痊愈之后，全世界两年内没有出现任何新的天花病毒感染者，于是 10 月 25 日被命名为天花绝迹日。

消灭天花的战争持续了上千年。从古代中国和印度发明的人痘接种，到英国医生詹纳发明的牛痘接种，人类其实很早就拥有了对抗天花的有力武器。但是想要在世界范围内彻底消灭一种病毒性传染病，不仅需要医学技术，还需要全世界各国政府和人民的深度动员和密切配合。1948 年，世界卫生组织成立后，消灭天花成了这个全球性组织的重要使命之一。在此之后的数十年里，世界卫生组织在各个国家，特别是发展中国家，展开人员培训和公众教育，推动牛痘疫苗的接种，监控新发患者，控制疾病流行范围，逐步实现了对这种凶险病毒的合围。

到目前为止，天花病毒已经在自然界绝迹超过 40 年。这是有史以来人类消灭的第一种病毒。

导致脊髓灰质炎的脊髓灰质炎病毒，也距离被人类彻底消灭不远了。截至 2018 年，全世界仅有阿富汗和巴基斯坦境内仍有新发病例，发病人数不足 30 人。

铁一般的事实证明，全球协作和大规模推广相关疫苗的接种，确确实实能够消灭曾经肆虐人类世界的危险病毒。

消灭危险病毒的前提

这里我想要提醒你，人类想要重现这种辉煌的胜利，彻底消灭那些危险的病毒，是有明确前提的。

第一个前提是，我们打算消灭的那些危险病毒，只会在人类世界传播和潜伏。

天花病毒和脊髓灰质炎病毒，都只能以人类为宿主，它们没有能力入侵和感染别的地球生物。这就意味着，只要我们能够在人类世界消灭它们，它们就不会回头找我们的麻烦了，因为地球上不再有它们的藏身之所。

第二个前提是，我们打算消灭的那些危险病毒，不会产生无症状携带者。

这个道理也很容易理解，天花病毒和脊髓灰质炎病毒感染会引发严重疾病。在短时间内，患者可能痊愈，也可能因病致残，甚至死亡。他们传播病毒的时间窗口总体是有限的，发病的特征也很容易识别。只要隔离好现有的患者，防止他们传播病毒，那么过一段时间这种病毒的传播链条就会被切断。

第三个前提是，我们不会从自然界继续获得新的危险病毒。

在人类世界肆虐的病毒中，有相当一部分来自我们身边的动物。而想要真正保护人类的安全，我们就必须阻止新的危险病毒的入侵。

而所有这些前提条件，都很难被满足。

先说第一个前提。一个众所周知的反例是流感病毒。流感病毒造成的感冒症状不算严重，传播力也不太强，但我们就是始终拿它没有办法。每年秋冬季节它都会准时降临，而且必定夺去数十万人的生命。造成这一后果的一个很重要的原因是，流感病毒的宿主范围非常广。除了人类，各种野生和驯化的鸟类、哺乳动物，都可以感染和传播流感病毒。这就让彻底消灭流感病毒从理论上变得不可能了。

即便人类可以靠疫苗、靠隔离，甚至靠天气，遏制流感病毒的传播，也没有能力去控制所有这些动物的行动。这些动物宿主为流感病毒提供了一个庞大的天然储藏库，病毒可以在那里自由传播、变异，然后等到气候合适时再发动攻击。

更要命的是，因为宿主来源繁多，彼此之间还可以交叉传播，所以人们很难预测每年将会骚扰我们的流感病毒到底是哪一种，即使提前准备了疫苗也要提心吊胆。

我们再说第二个前提。

大量的病毒性传染病都可以在人群中默默存在并传播。比如流感病毒在潜伏期内就有传染能力，还会有一部分患者可能自始至终都不会发病，但体内仍会携带流感病毒。这些现象的存在显著提升了人类消灭这种病毒的难度。

毕竟要是毫无症状，我们又怎么去识别和管控这些潜在的传染源呢？在新型冠状病毒肺炎的传播中，科学家也已经观察到了类似的迹象。

然后是第三个前提。

2002 年开始的 SARS 冠状病毒和 2019 年开始的新型冠状病毒的流行表明，想要完全阻止动物病毒突破物种屏障入侵人类世界，是件非常困难的事情。

21 世纪以来发生过的病毒流行，比如 2002 年的 SARS 冠状病毒、2012 年的 MERS 冠状病毒、2009 年的 H1N1 流感病毒、2019 年的新型冠状病毒，这四种病毒都是初次从动物世界进入人类世界的。而 2014 年到 2016 年局部流行的埃博拉病毒、2016 年局部流行的寨卡病毒，以及一直在流行的艾滋病病毒，它们进入人类世界的时间也不足 100 年。

我们几乎可以笃定地说，动物世界里隐藏的新病毒将会持续寻找人类世界的软肋，伺机突破。

2020 年年初，科学家还在穿山甲的体内发现了一些全新的冠状病毒，很像是新型冠状病毒的远亲。通过分析病毒的基因组序列，科学家猜测，只需要少数几个基因变异，这些病毒就能在短期内获得入侵人类世界的能力。

总而言之，我想人类肯定会借鉴消灭天花病毒和脊髓灰质炎病毒的经验，继续对抗那些危险的病毒。但是至于彻底而全面地摆脱病毒的威胁，很遗憾，目前我们还不具备这个实力。

我们能找到对抗病毒的新方法吗

如果无法取得全面胜利，那人类该怎么应对病毒的威胁呢？我们有没有可能在某些方向上取得一些进步，更好地对抗病毒呢？

这当然是可以做到的，也是很有希望的。

最直接的方式是在药物研发和疫苗研制方面取得进步。在前文中我们已经提了不少，这里就不再过多重复，只着重讲两个可能会帮助我们对抗病毒的思路。

第一个思路是用新技术对新型病毒、新型传染病的暴发做出预警，帮助我们尽快采取隔离等措施来阻止疾病流行。

从 2002 年的 SARS 疫情暴发和 2019 年的新型冠状病毒肺炎疫情暴发中，我们可以看到一个很棘手的问题：面对一种全新的、人类对其一无所知的传染病，想要快速识别和反应实际上是很困难的。毕竟一线医护人员每天都要面对大量症状类似的患者，准确地从中识别出新型疾病，及时上报，并采取公共卫生方面的措施，是个非常困难的任务。

而新技术或许可以在这方面发挥作用，比如基因组测序技术。

如果能够快速、便宜和准确地对患者体内病毒的样本做基因组测序，以基因组序列信息作为疾病诊断的标准之一，我们就有可能在第一时间发现新病毒和新疾病的存在。在 2019 年的新型冠状病毒肺炎疫情中，医生就已经通过基因组测序分析，了解到某些患者体内存在一种全新的冠状病毒。如果这项技术能够大规模应用于临床实践，就可以为我们对抗传染病争取更多的时间。

除此之外，我们还可以利用移动互联网技术。

智能手机和移动互联网已经成为现代社会的基础设施。在新型冠状病毒肺炎疫情中，也确实有人利用移动互联网提供的数据，分析人群的迁移规律，标记邻近社区的确诊患者等。而我相信，我们能从这些数据中挖掘出来的信息远不止这些。

智能手机的移动轨迹能不能帮我们找到感染者在发病前和哪些人有过密切接触，是否需要采取隔离等措施？在某个地区、某段时间里，诸如“咳嗽”“发烧”“拉肚子”这些关键词的搜索频率如果出现了突然波动，是不是就提示了某种传染病可能在流行？在未来，智能手机能不能整合某些人体生命指标，比如心率、体温、血氧浓度等，从而使整个移动互联网兼具公共卫生机构的功能？

第二个思路可能会让你觉得有点匪夷所思；既然人类世界的大部分病毒是从动物身上获得的，那么我们有没有可能干脆离动物远一点儿？

不过，这里说的“远一点儿”，可不是要把动物，特别是野生动物赶尽杀绝。最近还真有不少人在讨论，要不要彻底消灭城市周围的蝙蝠等，这些想法是非常可笑且危险的。地球生态是一个盘根错节的复杂系统，对其随意破坏可能导致的后果，我们谁都无法预料。

相反，我们应该做的是尽量不要入侵野生动物的天然栖息地，让它们尽量保持自然的生活状态，不要和人类世界产生太多交集。2002 年开始的 SARS 疫情就是一个很好的提醒，如果不是人类贪图口腹之欲，大规模饲养和贩卖果子狸这种半野生动物，它们体内的 SARS 冠状病毒就不会大肆入侵人类世界。

除了这些保守型的策略，我们还可以采取一些进攻型的策略。比如，我们有没有可能逐步淘汰对家禽、家畜的依赖，用其他方法生产肉类和动物产品？毕竟除了野生动物，家禽、家畜也是不可忽视的病毒的天然储藏库。

在过去几年中，有不少初创公司，比如美国的 Beyond Meat 和 Impossible Foods，都在研究如何利用植物蛋白质来生产口味和营养成分都比较接近肉类的食品，甚至还有一些公司研究的就是如何在实验室里通过人工培养细胞制作“人造肉”。

我自己就吃过用上述两家公司生产的“人造肉”制作

的汉堡和香肠，只能说口味差强人意，但这显然是一个值得关注的方向。如果人类真的能够制造出可以满足大多数人需要的“人造肉”，那不仅能节约饲养家禽、家畜的大量资源和场地，减少温室气体排放，而且能帮助人类远离很多病毒的源头。

到目前为止，我们其实主要还是把病毒当成敌人来对待的，讨论的都是如何彻底消灭它，如何有效地防止其入侵人类世界。

病毒会成为人类的朋友吗

在这里我想要提醒你，病毒并不只是人类的敌人。我们说过，在进化历史上，它参与塑造了生物学意义上的人类物种。如果我们小心利用，它也能够成为人类手中创造未来的工具。

这又从何说起呢？我将从两个方面来说明这种价值——用病毒来帮助我们杀死危险的细菌和肿瘤。

那些专门入侵细菌的病毒，也就是所谓的噬菌体，很有可能成为人类对抗细菌感染，特别是耐药菌感染的工具。自然界存在的病毒类型多得无法计数，而这也为我们提供了无穷无尽的对抗细菌的武器。

还有一些病毒看上去能够帮助我们识别和杀伤体内的癌细胞，这就是所谓的溶瘤病毒。我们不仅能从自然界寻找杀伤肿瘤的病毒，还能通过基因改造，让某些“人畜无害”的病毒具备杀死癌细胞的能力。

在上述两个方面，已经有些充满前景的技术进入了人体试验阶段，有些已经正式上市推广应用了，如用于治疗晚期黑色素瘤的药物 T-VEC（图 9-2）。

除此之外，如果人类需要对自身或动植物的基因进行改造，不管是治疗疾病也好，获得某些优良特性也好，病毒都是最好的工具。就拿我们自己来说吧，每个人的独特属性，从身高、体重到头发、眼睛，甚至是智商和性格，在很大程度上都是由体内携带的遗传物质决定的。

如果父亲母亲孕育我们的时候，或者在我们一生当中的任何时刻，细胞内部的遗传物质出现了异常，我们就有可能死亡或者出现疾病。很多严重的遗传疾病，比如地中海贫血症，就是这么来的。

想要治疗这些严重的疾病，一个直截了当的办法是，直接修复 DNA 上的异常。

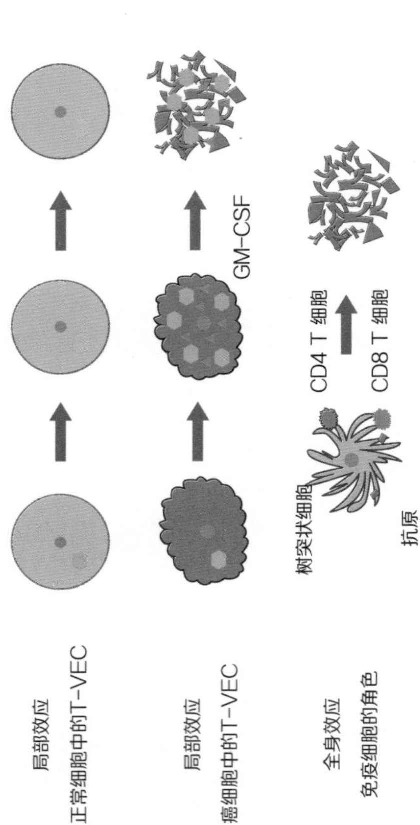

图 9-2　历史上第一个上市的溶瘤病毒产品——T-VEC

图片延伸

T-VEC（Talimogene laherparepvec）在 2015 年获得美国食品药品监督管理局的批准上市销售，是历史上第一个成功上市的溶瘤病毒产品，用于治疗晚期黑色素瘤。它本质上是一种经过分子生物学改造的疱疹病毒，在进入人体后能够入侵各种细胞。这种病毒在正常人体细胞中无法自我复制，只有在黑色素瘤细胞内部才能够高效地自我复制并摧毁癌细胞。与此同时，T-VEC 还能够在癌细胞内部生产一种名为 GM-CSF（巨噬细胞集落刺激因子）的蛋白质，吸引大量免疫细胞前往杀伤癌细胞。

这是一个非常困难的任务。先不说具体如何修改 DNA，单是把修改 DNA 的工具投放到细胞内，就已经非常困难了。人体拥有百万亿个细胞，细胞之间形成了复杂且相互纠缠的精巧结构。为了治疗某种遗传病，医生可能需要把修改 DNA 的工具投放到人体某个特定器官中数以亿计的细胞内部，而且还不能干扰别的细胞。可以说，这是一种目前人类科学无法企及的“黑科技”。

而病毒这种生命形态天生就有能够精确识别和入侵特定细胞的“超能力”，这也是它们生存的基础。所以，只要我们找到合适的病毒，就能利用它实现对大量特定细胞的精准打击。

在过去的 30 年中，科学家已经开始尝试这样的思路了——用病毒作为载体，把负责修改 DNA 的工具投放到人体细胞中，治疗各种各样的遗传疾病。类似的思路也已经拓展到了对传染病和癌症的治疗当中。归根结底，任何人类疾病都能归结为某些细胞出了某些问题，所以病毒这种工具总能找到自己的用武之地。

病毒的价值显然并不限于治病本身。在未来世界，如果我们想培育出肉质更好、更好吃的家禽和家畜，想要培育出更耐寒、更耐虫害的农作物，就都会涉及修改这些生物的遗传物质。既然如此，我们就希望找到相应的细胞，然后把修改工具投放进去才行。这个时候，病毒就是最理想的载体。

地球上所有的生命形式，都有与之相对应的病毒，动物有，植物有，真菌有，细菌也有。所以，无论你想要针对什么物种进行修改，找到这个物种对应的病毒，都是至关重要的一步。

人类文明的发展，离不开我们对地球生物的有意识改造，对我们自身的有意识改造。在人类历史上，这种改造主要是通过驯化动植物、农业育种、医学进步等途径来实现的。但是在未来，伴随着生命科学的进步，我们最终会走向这样一个历史时刻——只要搞清楚了遗传物质是通过什么方式决定生物的不同性状的，就可以通过修改或设计遗传物质，创造出我们需要的生物特性。而这将会和 1 万年前的农业革命一样，成为人类历史的里程碑。

想要实现这种革命，病毒将不可或缺。

章后小结

- 在未来世界，我们仍然不太可能彻底消灭人类世界中各种危险的病毒，和病毒长期共存可能是我们必须面对的。
- 与此同时，我们也有可能通过技术进步，更好地对抗病毒导致的疾病。
- 病毒作为一种天生能够精确识别和入侵细胞的生物，可以帮助人类实现对疾病的治疗乃至对动植物的改造和设计。它对我们的未来至关重要。

那些你必须知道的病毒

1. 烟草花叶病毒

如名称所提示的那样，烟草花叶病毒是一种专门感染烟草的植物病毒。除了会给烟草种植业制造一些麻烦，这种病毒和人类世界的交集并不多。

这种病毒之所以会首先出现在这里，是因为它是人类历史上发现的第一种病毒。它的发现，标志着人类终于意识到了病毒世界这个庞大而隐秘的生物世界的存在。

19 世纪末，德国化学家阿道夫 · 迈尔（Adolf Mayer）首次研究了烟草花叶病——这是一种在烟草之间传播的传染病。发病的时候，烟草的生长会变得迟缓，叶片上会出现黄绿相间的斑块，然后逐渐枯萎。

人们一开始认为，这种传染病和当时发现的大量人类传染病，比如肺结核、炭疽病和鼠疫一样，是由细菌引起的。由于这种疾病会在植物之间通过叶片的接触传播，所以人们认为这种未知细菌一定藏身在烟草叶片上。但俄国科学家迪米特里·伊凡诺夫斯基（Dmitri Ivanovsky）在1892年发现，用最精细的能够挡住所有细菌的陶瓷过滤器去过滤烟草叶片的提取物之后，如果将滤过的“纯净”液体涂抹在其他烟草上，仍然会让其发病。也就是说，这种假想中的细菌就算真的存在，也比人们已知的任何细菌都要小得多，小到能够轻易穿过陶瓷过滤器上最细小的孔洞。

病毒曾经有一个常用的名字，叫“滤过性病原体”。这个名字正是源于伊凡诺夫斯基的发现。在很长一段时间内，体型微小，甚至能够通过最精细的陶瓷过滤器，是病毒的核心标志之一。

到了20世纪初，荷兰科学家马丁努斯·贝耶林克（Martinus Beijerinck）进一步验证了伊凡诺夫斯基的发现。但是和伊凡诺夫斯基的保守猜测不同，贝耶林克认为假想中的微小细菌并不存在，那是一种全新的病原体，他还把这种假想的生物命名为“病毒”。

因其惊人的微小尺寸，病毒这种生命形态虽然早已被命名和描述，却长期无法被人类直接观察和研究。在长达几十年的时间里，人们间接地通过病毒的感染能力，比如让烟草的叶片枯黄，推测着病毒的生物学特性。到了 20 世纪 30 年代，人们终于用电子显微镜看到了烟草花叶病毒的真实面目，病毒世界从此露出了冰山一角。

这是一种长棍形的病毒（图 侧写-1）。“棍子”的长度约为 300 纳米，直径约为 18 纳米，是人的头发直径的 1/10 000~1/5 000。这根“棍子”是由 2 130 个相同的蛋白质分子规律地堆积和装配而成的，这种装配方式让病毒的外壳看起来带有一条条螺纹。

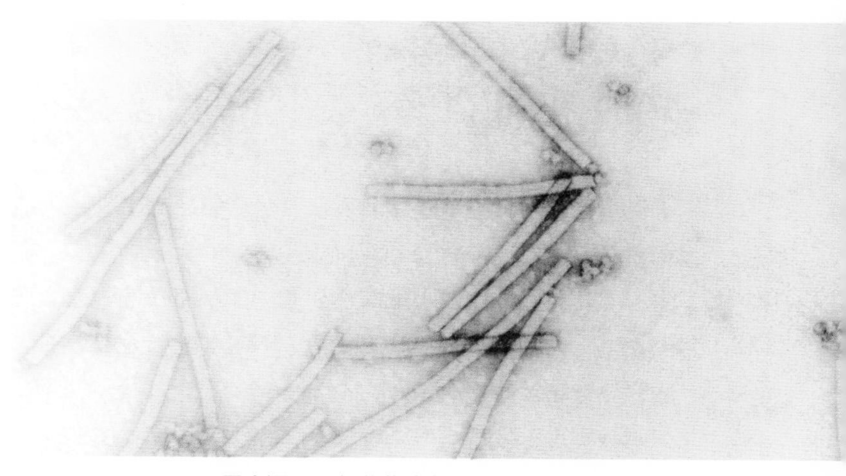

图 侧写-1　烟草花叶病毒

“棍子”的内部是空心的，隐藏着病毒的遗传物质——一根由约 6 500 个碱基构成的 RNA 长链。烟草花叶病毒的遗传物质是一条能够直接用来指导蛋白质生产的 RNA 长链（学名叫正链 RNA），上面有 4 个基因，因此可以指导 4 种蛋白质的生产，其中两个负责遗传物质的复制，一个负责组装蛋白质外壳，还有一个被称为移动蛋白，具体作用我们接下来再说。

在进入宿主细胞后，病毒中的正链 RNA 能够立刻借用宿主细胞的蛋白质生产系统，生产出负责复制遗传物质的两种蛋白质。这两种蛋白质会通过两个步骤完成病毒遗传物质的自我复制：（1）以正链 RNA 为模板，合成与之互补的、携带信息等价但化学性质相反的 RNA 负链；（2）以这条负链为模板，合成真正的病毒遗传物质——正链 RNA。

这个步骤看起来非常烦琐且多余。但是请注意，DNA 和 RNA 的性质决定了它们不可能被直接复制，不管是 DNA 链还是 RNA 链，能够首先复制的都是一条与之互补的长链。对于双链 DNA 来说，正负两条链拆开，分别合成一条互补的 DNA 链（正链合成负链，负链合成正链），就可以完成一次自我复制。而对于单链 RNA 来说，自我复制需要两步（正链 RNA →负链 RNA →正链 RNA）才能完成。

在这个过程里，病毒的 RNA 还会指导另外两种蛋白质的生产。其中一种蛋白质会自动在细胞内部和 RNA 周围组装出长棍状的蛋白质外壳，从而装配出大批完整的病毒。

烟草花叶病毒可以在同一株植物的不同细胞之间传播。至于具体过程，就要说到移动蛋白了。它可以在植物细胞中间打一个小孔，让完工和未完工的病毒自由地在细胞之间穿梭和扩散。很多感染植物的病毒都会生产类似的移动蛋白帮助自己入侵和引起感染，这是因为与动物细胞相比，植物细胞外面多了一层坚硬的细胞壁的保护，入侵往往比较困难。相比于每次都要进行入侵→复制→扩散的循环，植物病毒倾向于选择用更简单的办法在细胞之间传播扩散。除此之外，烟草花叶病毒也可以通过直接的接触，在不同的植物之间传播。植物叶片上微小的伤口就可以成为病毒入侵的突破口。

作为第一种被人类发现的病毒，烟草花叶病毒为人类打开了病毒世界的大门。至今，人类已经认识了超过 5 000 种病毒，但是大多数人仍然认为这个数字是被大大低估的。有人甚至估计，地球上的病毒至少有几千万种，被我们发现的只有万分之一。2019 年，一些科学家利用 DNA 测序的方法间接推测，仅在海洋里就有 20 万种病毒。

2. 天花病毒

在人类对抗病毒的历史中，天花病毒是一个值得我们大书特书的重要角色。

作为一种只感染人类的病毒，我们对天花的天然来源仍然有一些疑问。天花病毒在人类世界的流行，至少可以追溯至三四千年前的古埃及。在埃及法老拉美西斯五世的木乃伊上，考古学家发现了一些细密的瘢痕，他们认为这很可能是天花病毒感染留下的痕迹。感染天花病毒之后，患者会很快出现高烧，全身长出吓人的脓疱。有 1/3 的患者会很快死亡，幸存者的皮肤上则会留下大量的瘢痕。

20 世纪，天花病毒在世界范围内杀死了 3~5 亿人。

天花病毒很像一块棱角圆滑的方砖，长度为 302~ 350 纳米，宽度为 244~270 纳米（图 侧写-2）。病毒由最外面的包膜、中间的蛋白质外壳和内部的遗传物质构成。最外层包膜是天花病毒在离开宿主细胞时，从宿主细胞那里获得的。中间的蛋白质外壳呈两头粗中间细的哑铃形，壳内隐藏着天花病毒的遗传物质——一条由 18.6 万个碱基头尾相接构成的双链 DNA。

由此可见，不管是外形还是遗传物质的长度，天花病毒都远远超过了前文介绍的烟草花叶病毒，在人类已知的病毒当中，天花病毒算是体型巨大的一种。

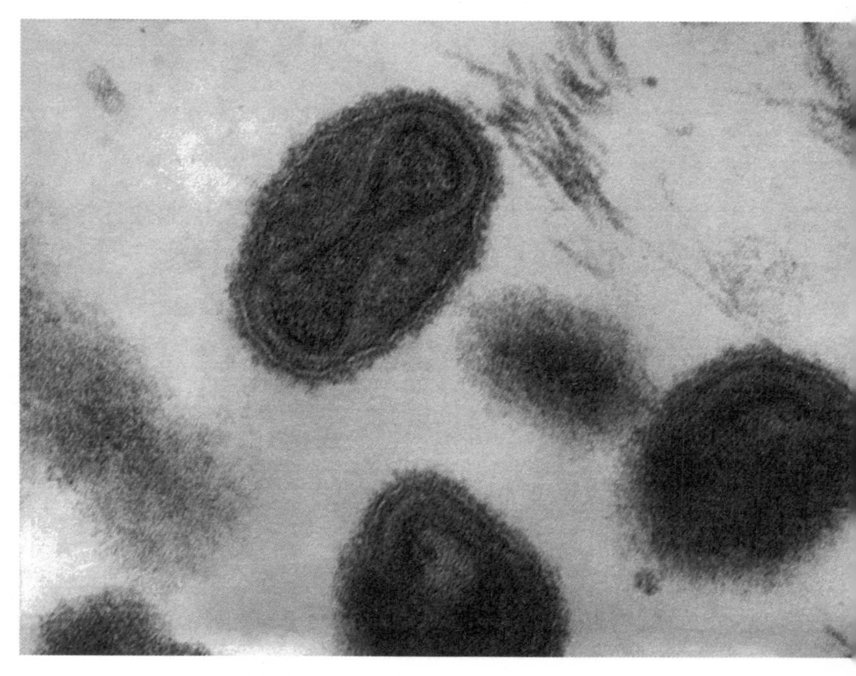

图 侧写-2 天花病毒

作为一个大号病毒，天花病毒的双链 DNA 上携带了大约 200 个基因，其中有相当一部分我们仍不了解。简单来说，病毒在进入宿主细胞后，会首先指导生产几种蛋白质，帮助自己的 DNA 实现自我复制，也帮助自己摆脱宿主防御系统的杀伤。等 DNA 积累的数量多了，它们就会指导生产更多的蛋白质来装配更多的后代。最终，组装完成的病毒可以随时准备离开细胞，开始下一轮入侵。

说到入侵和离开，我们必须提到天花病毒的外层包膜。作为一种有外层膜包裹的病毒，天花病毒入侵和离开细胞的步骤要比没有包膜的病毒（比如烟草花叶病毒）多一个步骤。进入细胞的时候，天花病毒会先脱掉外层包膜，而在其蛋白质外壳和遗传物质装配完成，准备离开细胞的时候，它会从宿主细胞那里“偷”一些细胞膜，然后再离开。这两个过程分别像两个小肥皂泡融合成一个，以及一个大肥皂泡分裂成两个。我们接下来讨论的艾滋病病毒、流感病毒、乙肝病毒、冠状病毒、狂犬病病毒和非洲猪瘟病毒都有包膜，而脊髓灰质炎病毒和 T4 噬菌体则没有包膜。

在人和人之间，天花病毒的传播力非常强。病毒主要通过咳嗽和打喷嚏产生的飞沫实现近距离传播。在密闭空间里，天花病毒也能够以所谓气溶胶的形态长期飘浮在空气中。与此同时，天花病毒感染者的皮肤上会长出大量疱疹，里面的脓液和脱落的痂也都带有大量的病毒。所以，人们在清理感染者的衣物和被褥的时候也可能被感染。

作为一种长期侵扰人类世界的病毒，天花可能是人类最早采取行动对抗的一种病毒。

早在公元 10 世纪，中国和印度的医生就开始为尚未感染天花的健康人接种疫苗。这种疫苗的制备方法相当粗糙，医生会从患者身上的脓疱里提取液体，然后在健康人身上划一个小伤口，把液体直接涂抹到伤口里，又或者把用痂磨成的粉末吹送到健康人的鼻孔里，人为制造一次“小型”的天花病毒感染。接种后的大部分人会在发烧几天后恢复正常，由此获得对天花病毒的免疫力。

但这种操作的风险较大，会有 2% 的人死于不受控制的天花感染，这大大限制了这种疫苗的广泛应用。到了 18 世纪末，英国医生詹纳偶然发现，感染牛疱疹的挤奶工会对天花免疫，由此他发明了之后被大规模推广开来的牛痘疫苗接种法——给健康人接种牛痘脓疱内的液体。不过，詹纳本人对这个现象背后的生物学原理一无所知，当时距离人类发现病毒还有 100 多年。不可否认的是，詹纳的发明其实就是现代减毒疫苗的雏形，其原理都是用一种毒性较弱的病毒，来人为激发人体对某种凶险病毒的抵抗力。

从詹纳发明牛痘疫苗开始，人类开始了对天花病毒的全面围剿。在持续多年的大规模疫苗推广之后，在 1979 年 10 月，世界卫生组织正式宣布人类消灭了天花。现在，自然界已经完全没有天花病毒的踪迹了。在 20 世纪 80 年代之后，世界各国逐渐停止了天花疫苗的接种工作，这种人类发明在持续工作和改进上千年之后，终于完成了它的历史使命。

今天，美国亚特兰大的疾病控制和预防中心、俄罗斯的国家病毒学与生物技术研究中心，保存着全世界最后两批天花病毒样品。尽管有不少科学家认为，人类对天花病毒的了解仍然远远不够，对它们的研究不应该从此停止，但也有不少人认为，彻底销毁所有的天花病毒样品才是人类最安全的选择。

3. 脊髓灰质炎病毒

继消灭天花之后，我们将有很大概率在可预见的将来亲眼见证人类彻底消灭脊髓灰质炎。自 1988 年起，在世界卫生组织、联合国儿童基金会等机构的领导下，人类通过大规模接种疫苗的方式，使脊髓灰质炎的患者数量减少了 99.9%。超过 150 万人免于死亡，超过 1 600 万人免于身体残疾。自 1988 年起，截至 2019 年，全世界新发的脊髓灰质炎患者只有不到 40 人，主要集中在阿富汗和巴基斯坦两个国家。

和天花病毒一样，脊髓灰质炎病毒也是一种只入侵人体的病毒。因此，在人类最终治愈脊髓灰质炎患者之后，脊髓灰质炎就不会卷土重来了。

脊髓灰质炎病毒是一个构造相对简单，体型也不算大的病毒，由一个直径约 30 纳米的蛋白质外壳和一条约有 7 500 个碱基的单链 RNA 构成（图 侧写-3）。和天花病毒不同，脊髓灰质炎病毒没有最外层的包膜。这个由 4 种蛋白质镶嵌拼接而成的蛋白质外壳呈现规则的 20 面体结构，承担了帮助病毒识别宿主细胞的重任。

脊髓灰质炎病毒的遗传物质是一条正链 RNA。在进入宿主细胞之后，它能够立刻利用宿主细胞为自己制造蛋白质。脊髓灰质炎病毒指导的蛋白质生产过程比较特别，它会首先命令宿主细胞生产一部分体积巨大的蛋白质组织，然后再把它切割成功能独立的 10 份。这些蛋白质有的构成了脊髓灰质炎病毒的蛋白质外壳，有的则负责帮助脊髓灰质炎病毒的正链 RNA 进行自我复制。

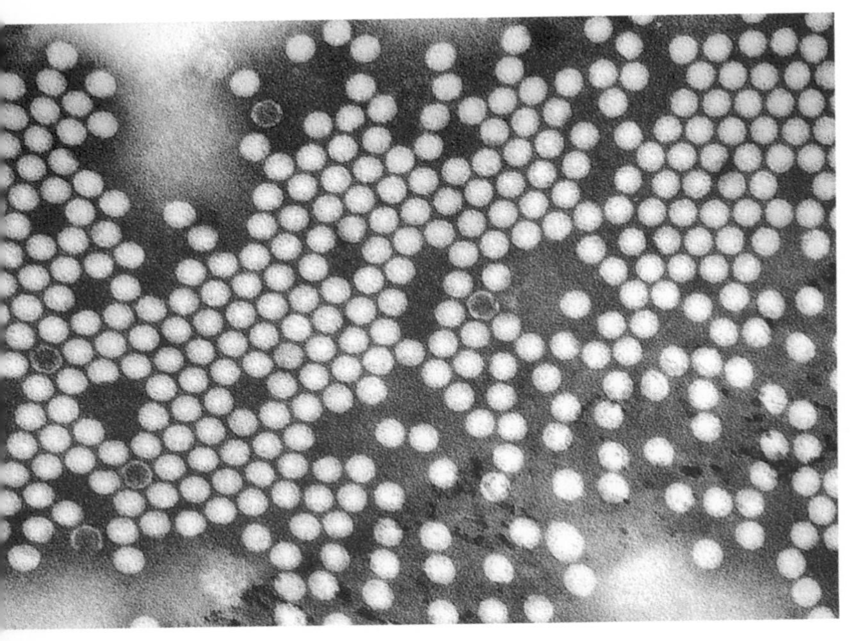

图 侧写-3　脊髓灰质炎病毒

和烟草花叶病毒一样，这种自我复制也是通过两步来实现的：首先以正链 RNA 为模板，合成与之互补但化学性质相反的 RNA 负链，然后再以这条负链为模板，合成出真正的病毒遗传物质，也就是正链 RNA。在病毒颗粒组装完成后，病毒会启动程序，溶解宿主细胞，让成千上万的后代得以寻找和入侵新的细胞。

脊髓灰质炎病毒主要通过粪口途径传播，因此它很容易在卫生条件糟糕的地区，通过被污染的水源和食物传播。在绝大多数时候，病毒感染会很快被人体免疫系统消除，不会带来严重后果。但是在 1% 的感染者体内，病毒会大规模复制，并入侵人体的中枢神经系统，破坏负责指导机体运动的神经细胞，最终导致神经细胞大量死亡，人体运动机能被损坏，这就是著名的脊髓灰质炎。少数病情严重的患者甚至会死亡。在历史上，著名的美国前总统富兰克林·罗斯福（Franklin Roosevelt）就曾是一位脊髓灰质炎患者。

值得注意的是，我们仍然不了解为什么一种主要指向消化系统的病毒会偶尔具有入侵神经系统的能力。

我们说过，人类之所以能消灭天花病毒，主要是因为天花疫苗的发明和广泛应用，人类对脊髓灰质炎病毒的围剿也主要是通过疫苗实现的。但和历史悠久的天花疫苗不同，脊髓灰质炎疫苗的发明则要晚得多。

第一种脊髓灰质炎疫苗是在 1952 年由美国科学家乔纳斯·索尔克（Jonas Salk）发明的。值得一提的是，包括詹纳发明的天花疫苗在内，人类发明的传统疫苗主要是减毒疫苗——通过长期培养挑选出毒性较弱、能够引发免疫反应却不会致病的活病毒，将其作为疫苗，而索尔克发明的脊髓灰质炎疫苗则是人类发明的第一种灭活疫苗。索尔克首先在实验室里培养了大批量的脊髓灰质炎病毒，然后通过化学消毒的方法破坏病毒的活性，制备出了脊髓灰质炎疫苗。

1955 年，索尔克发明的疫苗顺利通过大规模人体临床试验，正式开始在美国推广。在短短几年后，美国的脊髓灰质炎患者就减少了 99%。放弃申请专利的索尔克也从此成了美国人心中的科学英雄。但在疫苗被大规模推广后不久，一次严重的事故发生了。因为工厂灭活病毒的程序出现疏漏，超过20万份含有活病毒的疫苗被投入使用，40 000 名儿童因此染病，其中 200 人留下了终身残疾，10 人不幸死亡。这次事故差点毁掉刚刚诞生的脊髓灰质炎疫苗，也从此成为永恒的警示，提醒人类必须特别注意疫苗的安全问题。

1961 年，美国科学家阿尔伯特·萨宾（Albert Sabin）发明的口服脊髓灰质炎糖丸疫苗上市。这种疫苗包含毒性大大减弱的活脊髓灰质炎病毒，不需要注射，服用方便且价格低廉，很快成为全世界的主流选择。但是这种减毒疫苗也有它自身的问题：糖丸中毕竟带有仍然具备活性的脊髓灰质炎病毒，会有约百万分之一的概率在接种者体内引发严重感染，导致残疾，这种现象被人们称为“魔鬼抽签”。

因为存在这种潜在的风险，在全世界大范围消除脊髓灰质炎病毒之后，口服糖丸疫苗逐渐退出了历史舞台。加强版的灭活疫苗登场，被用来帮助人们走完消灭脊髓灰质炎的最后一小步。

4. 艾滋病病毒

自 20 世纪 80 年代被发现至今，艾滋病病毒可能是我们这个时代广为人知的病毒之一。在全世界范围内，它已经夺走了超过 3 000 万人的生命，艾滋病是我们这个时代让人们距离死神非常近的传染病之一。

严格说来，艾滋病病毒的学名是人类免疫缺陷病毒（Human Immunodeficiency Virus, 简称 HIV）。科学家一共发现了两种人类免疫缺陷病毒——HIV-1 和 HIV-2。这两种病毒是两个独立的物种，基因组序列的相似度只有 55%，但两者的结构、形态和生物学特征都很接近。全世界的艾滋病患者中，超过 95% 是由 HIV-1 病毒引起的。HIV-2 的感染则主要见于非洲西部的几个国家，其症状和传播力都远弱于 HIV-1。当我们提到艾滋病病毒的时候，一般默认指的是 HIV-1。

艾滋病病毒由三层结构组成：最外层是球形的包膜，直径在 100 纳米左右；中间是一个由蛋白质组成的锥形衣壳；最内层是遗传物质正链 RNA，长度约为 10 000 个碱基（图 侧写-4）。值得注意的是，艾滋病病毒携带了 2 条同样的正链 RNA，而不是常见的 1 条。

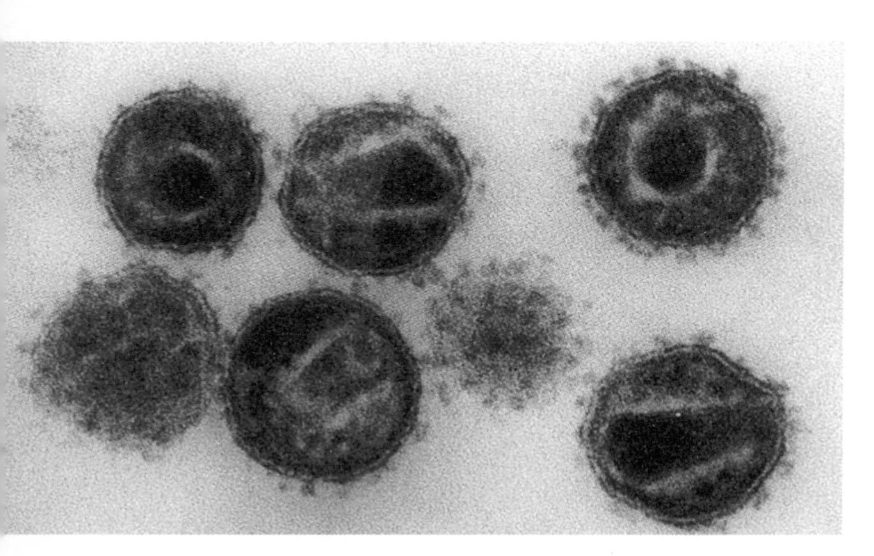

图 侧写-4 艾滋病病毒

艾滋病病毒通过外层包膜上图钉状的蛋白质（由 gp120 蛋白和 gp41 蛋白组成）识别人体中一类特别的免疫细胞。这类免疫细胞表面的 CD4 蛋白是艾滋病病毒的识别对象和入侵工具。在进入细胞之后，病毒会启动一个非常有特点的生物学过程：其携带的 RNA 会被用来生产一段 DNA 双链，并插入人体细胞的基因组 DNA 中，长期稳定存在。这个从 RNA 到 DNA 的生产过程被称为逆转录，和人体细胞中常见的从 DNA 到 RNA 的转录过程相对应。

这类病毒也因此被称为逆转录病毒，它们的存在是病毒作为规则破坏者的最好证明。

在此之后，宿主细胞会将这段外来的病毒 DNA 当成自己基因组的一部分，忠实地按照它的指示，生产病毒所需的各种 RNA 和蛋白质。这些产物自我装配后就形成了新的艾滋病病毒。和天花病毒一样，艾滋病病毒在离开宿主细胞的时候也会顺便“偷”走一点宿主细胞的细胞膜，将自己包裹起来，形成包括包膜、蛋白质外壳和遗传物质的三层结构。

艾滋病病毒主要通过体液途径，特别是通过与感染者进行无保护的性交（包括口交和肛交），输入受到艾滋病病毒污染的血液，和感染者共用注射针头、手术器具等传播。它也能够通过母婴途径传播，由感染病毒的母亲传递给新生的婴儿。

在被感染后，艾滋病病毒能够通过入侵→复制→扩散的循环，感染大量免疫细胞，也可以在淋巴结这些免疫细胞密集的地方直接通过细胞间的接触广泛传播。由于逆转录病毒的特性，免疫细胞一旦被艾滋病病毒感染，就无法清除已被插入的病毒 DNA。因此，人体对抗病毒入侵的唯一办法就是杀死被病毒感染的免疫细胞，而这会彻底破坏人体免疫机能。

艾滋病病毒感染本身并不致命，但由此导致的人体免疫机能的丧失，会使人体暴露在无数原本可能“人畜无害”的病原体的威胁之下。如果得不到有效治疗，艾滋病患者往往会死于各种细菌、病毒、真菌、寄生虫导致的严重感染。除了清除病原体，人体免疫机能的另一个作用是清除人体内的癌变细胞，所以艾滋病患者也常会死于卡波西肉瘤等多种癌症。

在我们这个时代，在所有传染病病原体中，艾滋病病毒可能是人类对其研究人数最多，投入经费最多的一种。

这种长期持续的投入也确实取得了很好的回报。

虽然仍没有发明出有效的疫苗，但鉴于人们对这种病毒的长期研究，目前全球医药市场上已经有接近 30 种相关药物被发明出来并投入了使用。在此基础上，华裔美籍生物学家何大一（David Ho）提出的鸡尾酒疗法取得了巨大的成功。简单说来，鸡尾酒疗法就是将几种作用机制不同的艾滋病药物联合使用的方法。在鸡尾酒疗法的帮助下，艾滋病患者体内的病毒数量可以被压制到极低水平，患者可以恢复正常的工作和生活，也不用担心会将病毒传染给性伴侣和密切接触者。在鸡尾酒疗法的帮助下，艾滋病患者的寿命已经和健康人相差无几。艾滋病正在变成一种慢性、可控的疾病。

长此以往，相信人类一定会迎来有能力治愈艾滋病的那一天。

2008 年的“柏林病人”和 2019 年的“伦敦病人”，已经向我们表明了彻底治愈艾滋病的希望。在这两个相似的案例中，两位艾滋病患者都同时患有致命的白血病（俗称血癌）。为了治疗癌症，主治医生为他们做了骨髓移植手术。特别值得注意的是，在骨髓移植手术中，医生专门挑选了天生存在 CCR5 基因缺陷的捐献者。CCR5 基因是艾滋病病毒入侵人体细胞所必需的蛋白质，因此，这个操作在治愈白血病的同时，也阻止了艾滋病病毒的继续传播，从而成功治愈了这两位患者的艾滋病。这种治疗方法本身充满了风险，而配型合适且携带 CCR5 基因缺陷的骨髓捐献者也是可遇不可求的。但是在未来，人们也许可以通过基因编辑等技术，修改 CCR5 基因，以期彻底治愈艾滋病患者。

5. 流感病毒

如果要说一种最容易被名字误导的病毒，我会想到流感病毒。它的中文名乍看上去“人畜无害”，不就是流行性感冒嘛。但是实际上，每年全世界都有超过数亿人感染流感病毒，超过 500 万人会出现严重症状，其中 30 万 ~60 万人会因此丧生。这是一种长期潜伏在人类周围，且威胁性从未减弱的生物。

严格来说，流感病毒也并不是一种病毒，而是四种病毒——甲型流感病毒、乙型流感病毒、丙型流感病毒和丁型流感病毒的统称。人类世界中流行的主要是甲型流感病毒和乙型流感病毒。其中甲型流感是在人类世界流行次数最多的，著名的 1918 年“西班牙大流感”、2005 年禽流感、2009 年猪流感都属于甲型流感。

几种流感病毒的基本形态都很类似，外观呈直径为 80~120 纳米的橄榄球形，有时病毒的长度可以达到数微米（图 侧写-5）。流感病毒也由三层结构组成：最外层的包膜、中间的蛋白质外壳和内部的遗传物质。以甲型流感病毒为例，它的遗传物质是 8 段长短不一的负链 RNA，每段分别携带着一个或几个病毒基因。

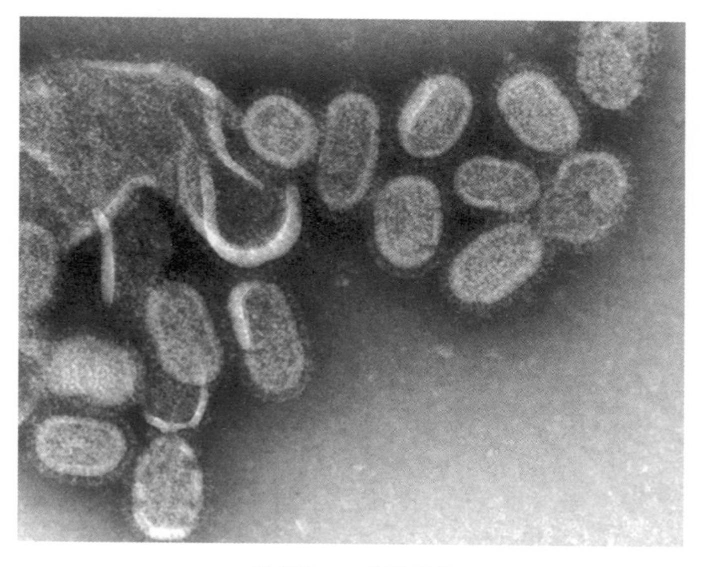

图 侧写-5　流感病毒

流感病毒依靠包膜上的血凝素蛋白识别并进入宿主呼吸道的上皮细胞。在进入细胞后，病毒遗传物质的复制过程恰巧和我们描述过的烟草花叶病毒及脊髓灰质炎病毒相反。病毒的负链 RNA 会首先指导生产与之互补的正链 RNA，接着，这些正链 RNA 会被用来指导生产病毒真正的遗传物质，也就是与之互补的负链 RNA。这些正链 RNA 也将同时被用来指导生产病毒复制所需的蛋白质。

在完成遗传物质和蛋白质的生产后，新的流感病毒会被组装出来，接着它们会离开宿主细胞，开始下一轮入侵。特别值得注意的是，在新病毒离开的过程中，病毒表面的神经氨酸酶负责切断病毒和宿主细胞表面的联系，释放病毒。显然，病毒表面的血凝素和神经氨酸酶在很大程度上决定了病毒的入侵和繁殖的能力。人们也常依据这两个蛋白质的特性为流感病毒分类。例如，H1N1 这个代号就分别代指的是特定的血凝素蛋白（H1）和神经氨酸酶蛋白（N1）。

流感病毒主要靠飞沫传播，在和感染者近距离谈话时，病毒会随着因感染者咳嗽和打喷嚏而产生的飞沫直接到达健康人的嘴巴、眼睛和鼻子部位。流感病毒也能够通过接触传播。这就是在流感季节我们强调咳嗽和打喷嚏时掩盖口鼻，尽量不用手触碰自己的眼睛、嘴巴和鼻子，勤洗手，戴口罩的原因，这些做法都能够有效降低感染风险。

在流感病毒进入人体细胞后，人体的防御系统会被动员起来杀伤病毒，由此会导致高烧、头痛和疲劳的症状。当然，在大多数时候，流感本身并不致命，不需要接受治疗，大多数人也会在一周内逐渐好转和痊愈。但是对于免疫机能较差的人，特别是儿童、老人和有其他基础疾病的人来说，流感可能会引发包括病毒性肺炎在内的并发症。

我们还要注意的是，不同的流感病毒有着不同的致病性。对某些流感而言（比如 1997 年发现的高致病性 H5N1 禽流感、2013 年发现的高致病性 H7N9 禽流感），病毒入侵会诱发过于强烈的人体防御反应，甚至会引发一种叫作“细胞因子风暴”的现象，大量的免疫细胞会被动员起来攻击被病毒感染的人体组织，从而导致人体器官衰竭，甚至造成患者死亡。

尽管威胁巨大，但在我们身边，流感并没有得到足够的重视。

这种疾病本身不太可能直接导致患者的死亡，根据我国疾病控制预防局的数据（以 2019 年 12 月的报告为例），即便在流感高发季节，当月死于流感的人数也仅有十余人。[1] 但如果是老年人或患有基础疾病的人患上了流

1　详见中国疾病预防控制局 2020 年 1 月 31 日发布的《2019 年 12 月全国法定传染病疫情概况》一文。

感，导致原有的疾病恶化，就会大大增加其死亡的可能性。由此导致的死亡，往往会被记录在他们原本患有的疾病名下，流感在中间造成的影响往往会被忽略。2019 年，复旦大学的科学家用一种更科学的方法估算了流感导致的死亡人数。他们比较了流感季节和非流感季节中人群的平均死亡率，然后据此推测，每年在流感流行的季节中，我国至少会有 8.8 万的死亡人数增量，而这些人大概率是死于流感导致的呼吸系统疾病。[1]

流感没有特效药物可以治疗，最有效的预防措施是注射疫苗。但是在我国，因为长期的忽视，以及疫苗产能和费用等原因，流感疫苗的接种率只有 2%，远低于发达国家约 50% 的水平。面对每年秋冬季节都要夺走全球数十万人生命的流感病毒，注射疫苗是我们最好的自我保护手段。

6. 乙肝病毒

大家对于乙肝病毒应该不会感到陌生。不夸张地说，它早已成了几代中国人的集体记忆。

---

1 详见复旦大学余宏杰教授课题组 2019 年 9 月在《柳叶刀－公共卫生》杂志上发表的研究论文。研究表明，在 2010—2015 年中，我国平均每年有 88 100 例流感相关的超额呼吸死亡病例。

20 世纪 70 年代到 90 年代，由于共用未经消毒的注射针头、血浆采集贩卖以及母婴传播等，中国的乙肝感染者人数飞速上升。在 20 世纪末，包括儿童在内，全国乙肝病毒感染率接近 10%，总计有 1.2 亿感染者。每年都有数十万人死于慢性乙肝感染导致的疾病。围绕乙肝感染产生的就业和婚恋歧视，是当时的重要社会议题。

所幸，和艾滋病不同，预防乙肝病毒感染有安全成熟的疫苗可用。1992 年，中国政府将乙肝疫苗纳入计划免疫，并从 2002 年开始强制为新生儿免费接种乙肝疫苗，自此国内的乙肝病毒感染率呈断崖式下降。到 2014 年，5 岁以下儿童的乙肝病毒感染率已经下降至 0.32%，感染者总数下降至 8 600 万人。

可能在一两代人的时间内，乙肝就不再会对我们的公共卫生和公众安全构成威胁了。在此过程中特别值得一提的是，1989 年，美国默克公司将自己拥有的基因工程乙肝疫苗技术以 700 万美元的超低价转让给中国。1993 年，国产乙肝疫苗正式开始大规模投入使用。从那时起，超过 5 亿中国新生儿获得了保护。

乙肝病毒同样由包膜、蛋白质外壳和遗传物质三层结构组成（图 侧写-6）。大多数时候，病毒最外层的薄膜呈完美的球形，直径约为 42 纳米，上面分布着乙肝病毒的表面抗原蛋白。中间的蛋白质外壳是一个 20 面体，主要由乙肝病毒的核心抗原蛋白组成。内部的遗传物质是一条有 3 000 个碱基的环形双链 DNA。比较奇怪的地方是，乙肝病毒的 DNA 并不是完美的双链，短的那条链上有 300~500 个碱基的缺口，目前这种奇异特性的作用仍然不为人知。

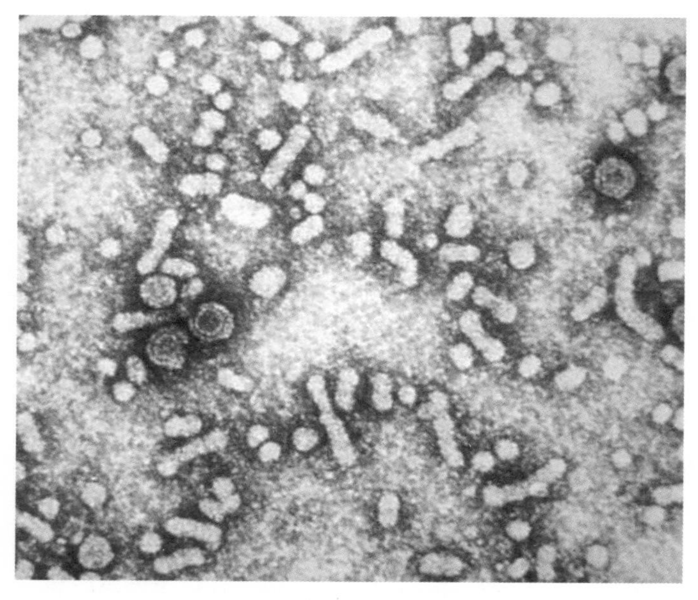

图 侧写-6 乙肝病毒

尽管遗传物质都是双链 DNA，但乙肝病毒和天花病毒（以及大部分 DNA 病毒）的自我复制过程有很大差别。

天花病毒的 DNA 能够直接利用宿主细胞的 DNA 复制机器完成从 DNA 到 DNA 的自我复制过程，而乙肝病毒的 DNA 在进入宿主细胞后会先补齐缺口，然后在宿主细胞的帮助下通过转录这个步骤生产 RNA，再利用逆转录这个步骤从 RNA 生产出 DNA。这种异乎寻常的复杂过程，让乙肝病毒的突变能力超过了一般的 DNA 病毒。

伴随着遗传物质的自我复制，乙肝病毒也会指导生产 4 种蛋白质。其中，核心抗原（C）负责组装蛋白质外壳，表面抗原（S）定位在外层包膜上，帮助乙肝病毒识别宿主，另外两种蛋白质（P 和 X）帮助复制遗传物质。

乙肝病毒的 DNA 在进入宿主细胞，补齐缺口后，会形成一个叫作共价闭合环状 DNA（cccDNA）的特殊结构，隐藏在细胞核内。这种结构可以长期稳定存在，很难被人体的防御机制或者药物清除。这也是如果乙肝病毒形成慢性感染，就很难被彻底清除，需要终身服药控制的原因。

乙肝病毒本身还是另一种病毒——丁肝病毒的宿主。丁肝病毒是一种存在缺陷的 RNA 病毒，只能借助乙肝病毒装配蛋白质外壳。因此，丁肝病毒只能在已经被乙肝病毒入侵过的人类肝脏细胞内完成自我复制过程。全世界有超过 1 500 万乙肝患者同时也感染了丁肝病毒。

和艾滋病病毒类似，乙肝病毒主要依靠血液和体液传播，但是乙肝病毒的传染力要远超艾滋病病毒。共用未经消毒的针头和注射器、母婴垂直传播、儿童与儿童之间的传播是乙肝病毒最主要的传播方式。共用餐具、拥抱、握手等一般的密切接触方式则通常不会传播乙肝病毒。

绝大多数成年人感染乙肝病毒后会引发急性肝炎，而他们的身体免疫系统会及时清除病毒，并由此获得终身免疫。对于免疫力低下的人群，特别是婴幼儿而言，乙肝病毒则很难被快速彻底清除，长此以往，就会导致慢性疾病。在疾病发展的过程中，人体免疫细胞会长期持续地攻击被乙肝病毒感染的肝脏细胞，导致慢性肝炎、肝硬化，甚至肝癌。

尽管乙肝病毒的持续传播已经被疫苗大大抑制，但乙肝病毒感染导致的慢性肝炎，至今仍无特效药能够彻底治愈。对于我国的 8 600 万乙肝病毒感染者，特别是其中 2 800 万的慢性肝炎患者来说，如何有效治疗他们的疾病，降低他们罹患肝硬化和肝癌的风险，仍然是重要的研究课题。

7. 冠状病毒

对于中国人而言，2002 年和 2019 年开始的两次疫情给我们留下了长远而深刻的集体记忆。2002 年，SARS 冠状病毒出现在中国广东，疫情持续到了第二年夏天。世界范围内有 8 096 人感染，774 人死亡。[1] 2019 年年底，新型冠状病毒出现在中国武汉，截至本书成稿，全球范围内有几千万人感染，死亡人数超过百万，而且仍在持续快速蔓延。

两场疫情都在短时间内彻底改变了我们的生活方式。在新型冠状病毒肺炎疫情中，自 2020 年 1 月底开始，有着上千万人口的武汉切断了与外界的常规联系，数万医护工作者投入了武汉地区的医疗救治。全国范围内有数以亿计的居民的活动范围被限制在各自的社区当中。在整个社会的充分动员之下，2020 年 3 月初，新型冠状病毒的传播势头被极大遏制了。

为什么自 21 世纪以来，冠状病毒的入侵和流行似乎成了常态？人类有没有可能像当年对抗 SARS 一样，通过切断病毒中间宿主果子狸的养殖和贩卖链条，远离病

1　详见中国疾病预防控制中心 2020 年 1 月 9 日发布的冠状病毒流行病学统计数据。

毒的威胁？考虑到蝙蝠和穿山甲等野生动物体内携带着大量尚不为人所知的冠状病毒，人类要做些什么才能够更好地保护自己，更快地针对新病毒的入侵发出预警，更好地建立和完善应对传染病暴发的公共卫生体系？

冠状病毒是一个庞大的病毒家族，我们目前已知的成员约有 40 种。其中有 7 种能够感染人类，特别是 2002 年发现的 SARS 冠状病毒、2012 年发现的 MERS 冠状病毒和 2019 年发现的新型冠状病毒。其他 4 种冠状病毒引发的病症较轻微，主要以感冒为主。

不同的冠状病毒个头各不相同，但它们的基本结构类似，都由包膜、蛋白质外壳和遗传物质组成（图 侧写-7）。冠状病毒的遗传物质是一条正链 RNA。这类病毒的一个共同特征是，外层包膜上插着许多根尖刺状的蛋白质，负责识别和入侵宿主细胞。从外形上看，冠状病毒就像一个小型的海胆或装饰过的王冠，这也是冠状病毒名称的由来。

作为正链 RNA 病毒，冠状病毒的自我复制过程和我们讲过的脊髓灰质炎病毒相近：首先以正链 RNA 为模板，合成与之互补但化学性质相反的 RNA 负链，然后再以这条负链为模板，合成出正链 RNA。在此过程中，正链 RNA 也能直接指导一系列蛋白质的生产，帮助其完成自我复制和装配的过程。在装配完成后，冠状病毒不会像脊髓灰质炎病毒那样杀死宿主细胞，而是会和其他有包膜的病毒，比如天花病毒、流感病毒和艾滋病病毒一样，以类似冒泡的方式从宿主细胞表面离开，顺便“偷”走一些宿主细胞的膜包裹自己。

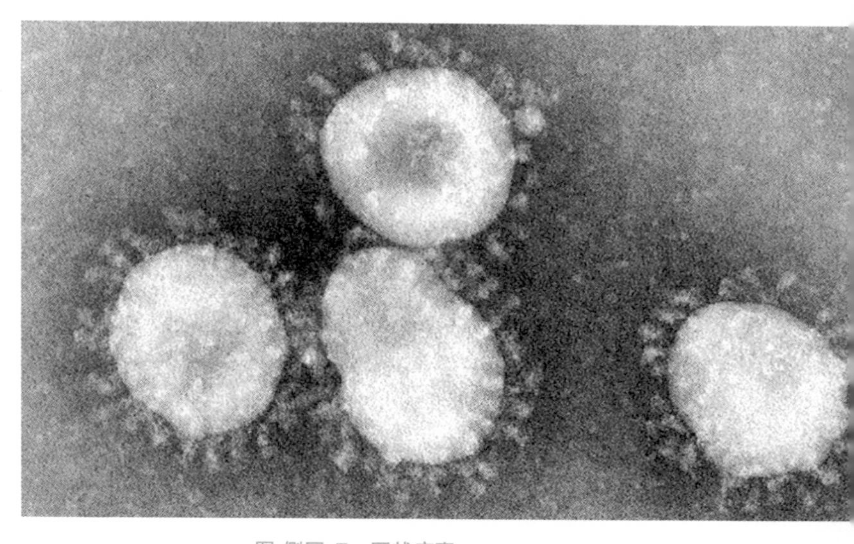

图 侧写-7　冠状病毒

几种感染人类的冠状病毒的传播方式和流感病毒类似，主要依靠飞沫和近距离接触。因此，咳嗽和打喷嚏时遮掩口鼻，尽量不用手触碰自己的眼睛、嘴巴和鼻子，勤洗手，戴口罩，都能够有效地降低感染风险。

SARS 冠状病毒和新型冠状病毒的广泛传播，也在反复提醒我们：人类应对突发的全新传染病的武器非常有限。

古老的隔离措施固然有效，常规的治疗手段也可以发挥重要作用，但是我们针对新病毒、新疾病研发药物和疫苗的周期都还很长。2002 年开始的 SARS 疫情中，虽然当时有许多疫苗研发项目上马，但是一直到疫情结束，疫苗的研发工作也未结束。在未来，我们有没有可能在保证药物和疫苗临床试验的安全性和有效性的前提下，加快这个过程？各种层出不穷的新技术，RNA 疫苗也好，计算机辅助的药物设计和筛选也好，人工智能也好，到底能不能帮我们找到快速应对之道？

8. 狂犬病病毒

狂犬病病毒感染会严重破坏人体中枢神经系统的功能，致死率几乎是 100%，而且至今无药可治。在全世界范围内，狂犬病病毒每年都会杀死数万人。在被携带狂犬病病毒的动物咬伤后，深度清洁伤口，紧急注射疫苗，可以有效地阻止狂犬病病毒的感染。在我国，每年都会有

1 500 万份狂犬疫苗被用于紧急接种。

狂犬病病毒是一种圆柱形或子弹形的病毒，底边直径约为 75 纳米，长度约为 180 纳米（图 侧写-8）。病毒一头圆滑如子弹的尖头，另一头平坦如子弹的底座。和所有有包膜的病毒一样，狂犬病病毒也由包膜、蛋白质外壳和遗传物质三层构成。病毒的外层包膜上有约 400 根由蛋白质构成的“尖刺”，用于识别和进入宿主细胞。狂犬病病毒的遗传物质是一条有 12 000 个碱基的负链 RNA。

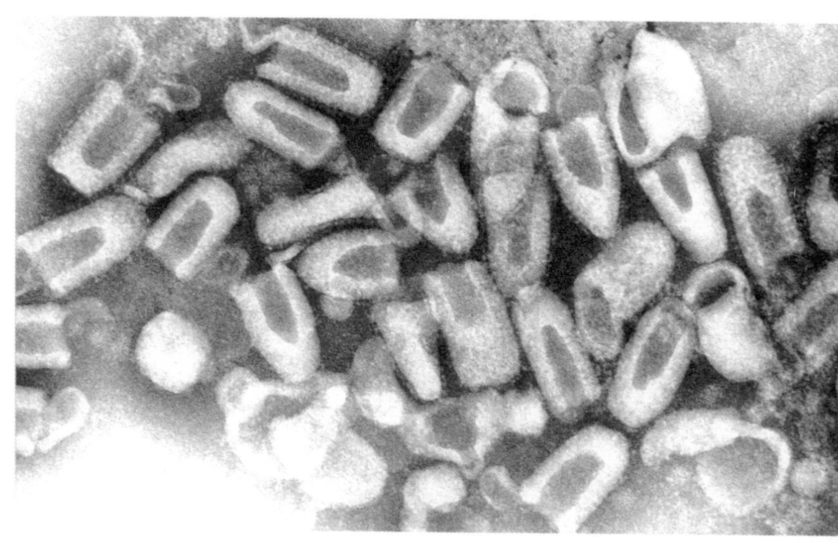

图 侧写-8　狂犬病病毒

和同样以负链 RNA 作为遗传物质的流感病毒类似，狂犬病病毒在进入宿主细胞后，负链 RNA 也会经历两个步骤的复制过程，经由正链 RNA 这个中间产物，再复制出大量的负链 RNA。作为中间产物的正链 RNA，也会指导生产狂犬病病毒需要的 5 种蛋白质（N、P、M、G、L）。P、L、M、N 参与 RNA 的自我复制，而 G 则构成了病毒最外层包膜上的尖刺。

狂犬病病毒的传播方式非常特别。作为一种宿主范围很广的病毒，狂犬病病毒可以在所有哺乳动物体内生存繁殖。被已感染狂犬病病毒的动物咬伤或者抓伤后，病毒可以从动物的唾液进入人体的伤口中，入侵伤口附近的神经细胞。之后，病毒能够顺着神经细胞之间的连接一路上行至大脑，然后再下行传播到唾液腺里，因此被感染者的唾液中含有大量病毒。与此同时，入侵大脑的狂犬病病毒还会用一种我们至今仍不完全清楚的方式改变大脑的工作方式，让感染者变得狂躁，富有攻击性。狂躁的动物和富含病毒的唾液，两者配合，让病毒得以在动物世界里广泛传播。

狂犬病目前没有任何有效的治疗方法。一种名叫“密尔沃基疗法”的方法被认为有希望治愈狂犬病。这种方法需要诱导患者进入深度昏迷状态，这样患者的免疫系统将有足够的时间产生抗体对抗病毒，并与各种抗病毒药物配合起作用。2004 年，美国一名 15 岁的孩子在感染狂犬病病毒并出现症状之后，借助密尔沃基疗法痊愈。但在那之后的几次尝试均告失败，人们开始怀疑密尔沃基疗法的有效性。也许，它第一次的成功仅仅是由于运气，或者当事人感染的是一种毒性非常轻微的狂犬病病毒。

虽然有疫苗作为事后的紧急处理手段，但我们需要知道的是，预防狂犬病病毒感染，最有效且更便宜的方法不是在被动物抓伤、咬伤后接种疫苗，而是为我们饲养的宠物提前接种狂犬疫苗。宠物是人类狂犬病的主要感染源，人类 99% 的狂犬病病毒感染是被狗咬伤导致的。给我们的宠物狗拴好绳子防止它们咬伤别人，为宠物接种狂犬疫苗，不仅能够防止人类被感染，还能防止动物患病。

值得一提的是，狂犬病病毒拥有一项非常独特的能力，它们能够顺着神经细胞之间的连接，一路上行进入大脑。我们至今仍不明白这个能力是如何实现的，如果这个特性能被神经生物学家搞清楚，他们就能搞清楚动物大脑中神经细胞之间是如何连接在一起的。

9. 非洲猪瘟病毒

非洲猪瘟这种疾病早在 20 世纪 20 年代就被人们发

现了，但是对于中国人来说，“非洲猪瘟病毒”这个名词进入我们的生活，是从 2018 年开始的。在 2018 年 8 月，辽宁省沈阳市一处肉猪养殖场发生了非洲猪瘟疫情，这是中国乃至东亚地区历史上第一次出现非洲猪瘟疫情。2019 年，非洲猪瘟疫情遍及中国大陆多个省（自治区、直辖市），短短 1 年内，生猪存栏量下降了 1 亿头，降幅达到 40%。这不仅对生猪养殖业造成了重大打击，也导致市场上的猪肉价格飙升，1 年内涨幅超过 100%，间接推高了居民消费价格指数（CPI），显著增加了居民的生活成本。据有关机构估算，非洲猪瘟疫情造成了超过 1 万亿人民币的经济损失。[1]

非洲猪瘟病毒身上有不少奇怪的特性。

就结构而言，非洲猪瘟病毒由外膜、蛋白质外壳、内膜、蛋白质内壳和遗传物质五层结构构成（图 侧写-9）。对此，你可以理解为，非洲猪瘟病毒为自己的遗传物质设置了双层保护。

但和很多有包膜的病毒不同，非洲猪瘟病毒的最外层膜看起来是可有可无的，没有它，也不影响病毒识别和入

1 详见《纽约时报》中文网 2020 年 1 月 3 日发布的《为何全球 1/4 生猪会在一年之内死亡》一文。

侵宿主细胞。该病毒的直径在 200 纳米左右，内部的遗传物质是一条有着 18.9 万个碱基的双链 DNA，携带了超过 180 个基因。在病毒世界里，非洲猪瘟病毒是一个不折不扣的大块头。

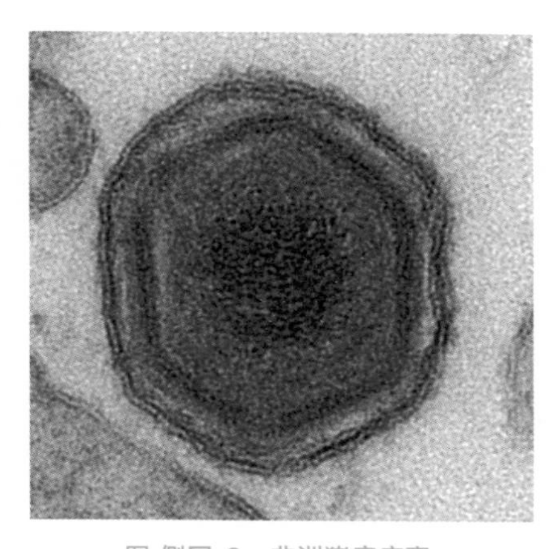

图 侧写-9　非洲猪瘟病毒

和天花病毒相似，在入侵宿主细胞之后，非洲猪瘟病毒的双链 DNA 能够利用宿主细胞的生物学机能，指导生产大量蛋白质，协助自身的复制和装配。这些蛋白质也会反过来协助 DNA 完成自我复制，生产更多的双链 DNA。在非洲猪瘟病毒装配完成后，它们可以离开宿主细胞，继续下一轮入侵和繁殖。在一个饲养猪的农场里，如果有一头猪患病，那么整个猪群就可能在短时间内全部患病。病猪的器官、血液、排泄物和分泌物中都含有病毒，可以通过直接接触传递给其他猪，也可以将病毒散播在整个猪场环境中，间接传播给其他的猪。除此之外，非洲猪瘟病毒也能借由一种叫作钝缘软蜱的寄生虫的叮咬，在猪之间传播。

非洲猪瘟病毒主要入侵的是猪体内的免疫细胞。在感染后，病猪会在几天内发高烧、食欲下降、呼吸急促，直至死亡。非洲猪瘟的致死率极高，几乎达到了 100%。

但有一点需要说明，非洲猪瘟病毒不会感染人类。

如果说 21 世纪以来 SARS 冠状病毒和新型冠状病毒的两次广泛传播是在提醒我们，人类必须高度警惕病毒的反复入侵和惊人的破坏力，那么 2018 年非洲猪瘟的流行则是在提醒我们，人类生存所依赖的动植物世界也同样面临着病毒入侵的巨大威胁。

和人类世界面对的病毒一样，非洲猪瘟病毒这样的动物病毒也可以借由野生动物（比如野猪等）传播进入猪饲养场。高密度的饲养空间，就像人类密集居住的村庄和城市一样，为病毒的快速传播和变异提供了温床。然而人类基于显而易见的原因，在对抗动植物病毒上的研发投入远远比不上在对抗人类病毒上的研发投入。人类对动植物病毒的了解，也远不如人类对感染自身的病毒的了解。这就意味着我们所依赖的动植物资源、我们的衣食住行，都近乎无保护地暴露在病毒世界的威胁之下。

截至 2020 年年初，尚无任何疫苗和药物能够有效对抗非洲猪瘟病毒的感染。

10.T4 噬菌体

我们曾经反复强调，作为一类完美的寄生者，病毒可以藏身于地球上所有生物的体内，包括动物、植物和真菌，当然也包括细菌。

没错，即便是大肠杆菌这类本身就寄生于动物肠道中的细菌，也可以成为病毒藏身和繁殖的场所。在地球生物圈当中，噬菌体可能是种类最丰富、数量最庞大的一类生物。有人估计，地球上共有 10^{31} 种噬菌体，超过了地球所有其他生物个体数量的总和！

作为一类非常成功的生物，噬菌体在细菌的进化过程中发挥了至关重要的作用。噬菌体的繁殖过程最终会杀死宿主细菌，这反而给其他细菌的繁殖提供了空间和养料。通过入侵→复制→扩散的循环，噬菌体能够作为媒介将一个细菌的遗传物质“横向”传递给其他细菌，实现遗传信息的快速扩散。科学家也确信，最近几年大红大紫的 CRISPR/cas9 基因编辑技术，其实是细菌进化出的用于抵抗噬菌体感染的生物武器。

我在这里介绍的 T4 噬菌体，是一种结构非常奇特的病毒（图 侧写-10）。它长约 200 纳米，宽约 90 纳米，看起来就像一个长着 6 条长腿的蜘蛛形机器人。“机器人”的“头部”是被拉长的有着 20 面体结构的蛋白质外壳，内部包裹着一条有着 16.9 万个碱基的双链 DNA。“机器人”的“脖子”是一根中空的长约 95 纳米的管子，下面还有 6 条 140 纳米长的可折叠的“细腿”。

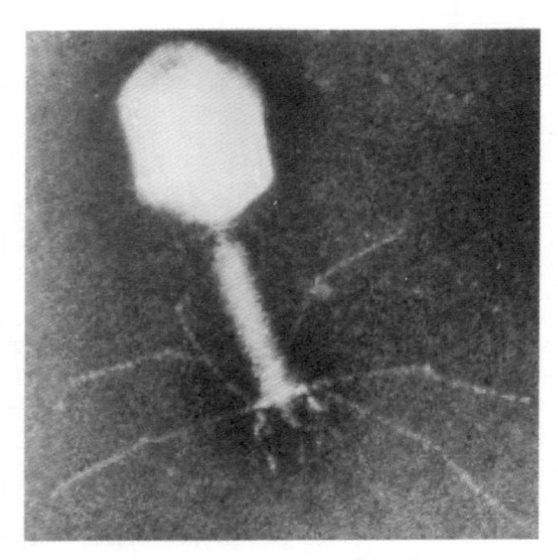

图 侧写-10　T4 噬菌体

T4 噬菌体入侵宿主细胞的过程也很有特点。这类病毒的宿主是在人类肠道内寄生的大肠杆菌。当 T4 噬菌体找到大肠杆菌后，它的 6 条腿会牢牢地结合在大肠杆菌的表面，在细菌表面打出一个小孔。然后，病毒“头部”包裹的 DNA 会通过中空的“脖子”被“注射”到细菌内部，整个蛋白质外壳则会留在细菌外面废弃不用。

进入细菌内部的病毒 DNA 会立刻终止细菌本身的蛋白质生产机能，将其全部劫持过来帮助自己完成蛋白质生产和 DNA 自我复制，在短短十几分钟内就可以装配超过 100 个病毒。在那之后，病毒会将细菌彻底裂解，病毒后代会从细菌的尸体中逃散出来，开始下一轮的入侵和繁殖。作为一种以细菌为宿主的病毒（这类病毒被统称为噬菌体），T4 噬菌体的传播途径非常简单，入侵→复制→裂解细菌→扩散，循环往复。

近年来，人们逐渐认识到了噬菌体对人类健康的价值。作为一类天然能够入侵和杀死细菌的生物，噬菌体为人类提供了除抗生素之外的另一种对抗细菌的手段。有不少人相信，对于任何一种人类病原菌而言，我们都能从自然界找到专门对付它的一种或者几种噬菌体。只要找到它们，我们就可以免除细菌的侵扰。在细菌耐药性日益严重、新抗生素的研发步履维艰的今天，噬菌体疗法可能会成为人类对抗耐药性病原菌的“最后的希望”。

2015 年，美国加州大学的一位教授在埃及旅行时感染了一种耐药性极强的细菌——鲍曼不动杆菌，生命垂危。后来，科学家找到了针对这种细菌的噬菌体，挽救了这位教授的生命。2019 年，美国食品药品监督管理局批准了将噬菌体用于对抗另一种棘手的超级细菌——耐药性金黄色葡萄球菌的临床试验。

EVERYTHING
YOU SHOULD KNOW
ABOUT VIRUSES

图片来源

图 4-2 http://epaper.tianjinwe.com/mrxb/mrxb/2020-03/06/content_57606.htm

图 7-1 https://www.cdc.gov/smallpox/history/images/30000year-old-mummy.jpg

图 8-2 https://en.wikipedia.org/wiki/Spanish_flu

图 9-1 https://sites.duke.edu/superbugs/module-4/introduction/smallpox-dead-or-alive/

图 侧写-1 https://en.wikipedia.org/wiki/Tobacco_mosaic_virus#/media/File:TobaccoMosaicVirus.jpg

图 侧写-2 https://en.wikipedia.org/wiki/Smallpox#/media/File:Smallpox_virus_virions_TEM_PHIL_1849.JPG

图 侧写-3 https://en.wikipedia.org/wiki/Polio#/media/File:Polio_EM_PHIL_1875_lores.PNG

图 侧写-4 https://www.dw.com/en/hiv-drugs-stop-sexual-transmission-of-aids-virus-say-doctors/a-48588767

图 侧写-5 https://en.wikipedia.org/wiki/Influenza#/media/File:EM_of_influenza_virus.jpg

图 侧写-6 https://en.wikipedia.org/wiki/Hepatitis_B#/media/File:Hepatitis-B_virions.jpg

图 侧写-7 https://www.biomol.com/media/image/8e/76/8a/Coronaviruses.jpg

图 侧写-8 https://web.stanford.edu/group/virus/rhabdo/2004bischoffchang/Rabies%20Profile.htm

图 侧写-9 https://upload.wikimedia.org/wikipedia/en/1/12/African_swine_fever_virus_virion_TEM.jpg

图 侧写-10 https://www.jstor.org/stable/2823919

未来，属于终身学习者

我这辈子遇到的聪明人（来自各行各业的聪明人）没有不每天阅读的——没有，一个都没有。巴菲特读书之多，我读书之多，可能会让你感到吃惊。孩子们都笑话我。他们觉得我是一本长了两条腿的书。

——查理·芒格

互联网改变了信息连接的方式；指数型技术在迅速颠覆着现有的商业世界；人工智能已经开始抢占人类的工作岗位……

未来，到底需要什么样的人才？

改变命运唯一的策略是你要变成终身学习者。未来世界将不再需要单一的技能型人才，而是需要具备完善的知识结构、极强逻辑思考力和高感知力的复合型人才。优秀的人往往通过阅读建立足够强大的抽象思维能力，获得异于众人的思考和整合能力。未来，将属于终身学习者！而阅读必定和终身学习形影不离。

很多人读书，追求的是干货，寻求的是立刻行之有效的解决方案。其实这是一种留在舒适区的阅读方法。在这个充满不确定性的年代，答案不会简单地出现在书里，因为生活根本就没有标准确切的答案，你也不能期望过去的经验能解决未来的问题。

湛庐阅读App：与最聪明的人共同进化

有人常常把成本支出的焦点放在书价上，把读完一本书当作阅读的终结。其实不然。

时间是读者付出的最大阅读成本
怎么读是读者面临的最大阅读障碍
“读书破万卷”不仅仅在“万”，更重要的是在“破”！

现在，我们构建了全新的“湛庐阅读”App。它将成为你“破万卷”的新居所。在这里：

- 不用考虑读什么，你可以便捷找到纸书、有声书和各种声音产品；
- 你可以学会怎么读，你将发现集泛读、通读、精读于一体的阅读解决方案；
- 你会与作者、译者、专家、推荐人和阅读教练相遇，他们是优质思想的发源地；
- 你会与优秀的读者和终身学习者为伍，他们对阅读和学习有着持久的热情和源源不绝的内驱力。

从单一到复合，从知道到精通，从理解到创造，湛庐希望建立一个“与最聪明的人共同进化”的社区，成为人类先进思想交汇的聚集地，与你共同迎接未来。

与此同时，我们希望能够重新定义你的学习场景，让你随时随地收获有内容、有价值的思想，通过阅读实现终身学习。这是我们的使命和价值。

湛庐阅读App玩转指南

湛庐阅读App结构图：

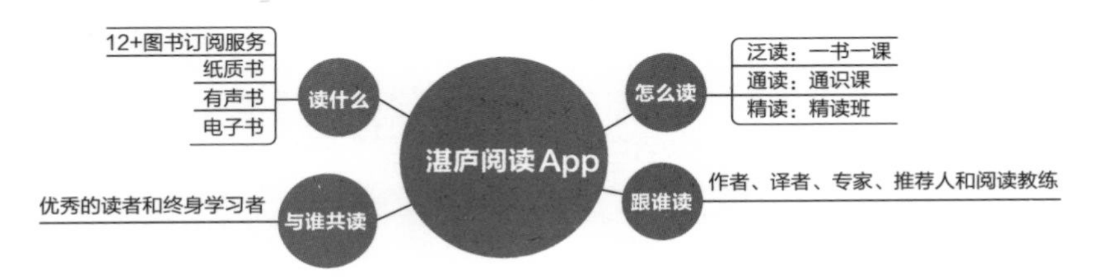

三步玩转湛庐阅读App：

App获取方式：

安卓用户前往各大应用市场、苹果用户前往App Store
直接下载“湛庐阅读”App，与最聪明的人共同进化！

使用App扫一扫功能，
遇见书里书外更大的世界！

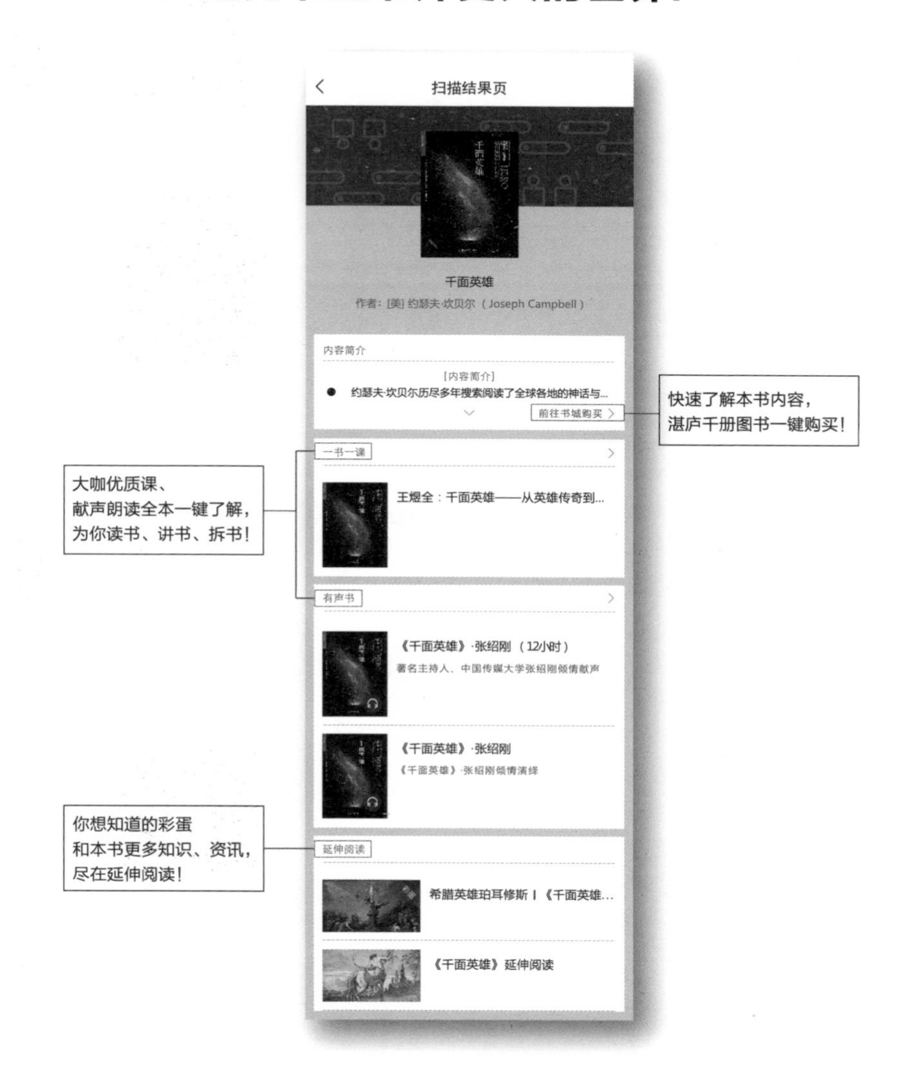

延伸阅读

《病毒来袭》

◎ 入选第十届文津图书奖推荐图书！继《枪炮、病菌与钢铁》之后引人关注的疾病社会史新锐之作！

◎ 北京大学医学人文研究院院长张大庆、中国疾病预防控制中心艾滋病首席专家邵一鸣重磅推荐。

《上帝的手术刀》

◎ 一本细致讲解生物学热门进展的科普力作，一本解读人类未来发展趋势的精妙“小说”。

◎ 打开基因科学深奥的硬壳，展现人类探索自身的历史进程，从分子层面出发，重新思考人类的过去、现在和未来。

《基因启示录》

◎ 中国科学院高级研究员、“得到”基因科学专栏作者仇子龙重磅力作，读懂基因读懂你，就在这一本！

◎ 李治中（“菠萝”）、饶毅倾情作序，王立铭、严锋、吴军、刘慈欣等鼎力推荐！

《生命的法则》

◎ 美国科学院和工程院院士、科普作家肖恩·卡罗尔重磅新书！《金融时报》2003年“年度十佳科学图书”，《自然》2003年“年度Top20好书”。

◎ 商业思想家吴伯凡、财讯传媒首席战略官段永朝、北京大学教授谢灿、厦门大学教授王传超、“社会生物学之父”爱德华·威尔逊、美国科学院院士尼尔·舒宾、《基因传》作者悉达多·穆克吉联袂推荐！

图书在版编目（CIP）数据

给忙碌者的病毒科学 / 王立铭著. -- 杭州 : 浙江
教育出版社, 2021.1
ISBN 978-7-5722-1121-8

Ⅰ. ①给… Ⅱ. ①王… Ⅲ. ①病毒学—普及读物
Ⅳ. ①Q939.4-49

中国版本图书馆CIP数据核字(2020)第250090号

上架指导：科普 / 病毒科学

给忙碌者的病毒科学
GEI MANGLUZHE DE BINGDU KEXUE
王立铭 著

责任编辑：刘晋苏
美术编辑：韩 波
封面设计：ablackcover.com
责任校对：李 剑
责任印务：曹雨辰
出版发行：浙江教育出版社（杭州市天目山路 40 号 电话：0571-85170300-80928）
印 刷：北京盛通印刷股份有限公司
开 本：880mm ×1230mm 1/32 插 页：1
印 张：7.25 字 数：142 千字
版 次：2021 年 1 月第 1 版 印 次：2021 年 1 月第 1 次印刷
书 号：ISBN 978-7-5722-1121-8 定 价：59.90 元

如发现印装质量问题，影响阅读，请致电 010-56676359 联系调换。